HISTOIRE
NATURELLE
DE LA FRANCE
MÉRIDIONALE.

SUITE DES MINÉRAUX.

Par M. l'Abbé S o u l a v i e, *Correspondant
de l'Académie Royale des Inscriptions &
Belles-Lettres de Paris, Associé des Académies des Sciences, Belles-Lettres & Arts
d'Angers, la Rochelle, Dijon, Nismes,
Pau, Metz, Châlons-sur-Marne, &c. &c.*

TOME SEPTIÈME.

Chez { J.-Fr. QUILLAU, rue Christine;
MÉRIGOT l'aîné, vis-à-vis de la nouvelle
Salle de l'Opéra;
MÉRIGOT jeune, quai des Augustins;
BELIN, rue Saint-Jacques.

M. DCC. LXXXIV.

HISTOIRE
NATURELLE
DE LA FRANCE
MÉRIDIONALE.

MINÉRAUX,
TOME 6.

HISTOIRE
NATURELLE
DE LA FRANCE
MÉRIDIONALE.

MINÉRAUX,
TOME 7.

HISTOIRE
NATURELLE
DE LA FRANCE
MÉRIDIONALE.

MINÉRAUX,
TOME 8.

HISTOIRE
NATURELLE
DE LA FRANCE
MÉRIDIONALE.

*Elémens d'Histoire
naturelle,
& théorie du globe.*

HISTOIRE
NATURELLE
DE LA FRANCE
MÉRIDIONALE.

VÉGÉTAUX,
TOME 2.
& les météores.

HISTOIRE
NATURELLE
DE LA FRANCE
MÉRIDIONALE.

LES ANIMAUX.

HISTOIRE
NATURELLE
DE L'ARGENTIÈRE
ET DE SES ENVIRONS;

Par M. l'Abbé Giraud - Soulavie,
Correspondant de l'Académie Royale des
Inscriptions & Belles-Lettres de Paris, &
Membre des Académies des Sciences, Belles-
Lettres & Arts d'Angers, la Rochelle,
Dijon, Nîmes, Pau, Metz, Châlons-sur-
Marne, & autres d'Italie & d'Allemagne.

ESTO   PERPETUA.
Fra-Paolo.

M. DCC. LXXXIV.

Fra‑Paolo, Théologien en titre de Venife, fut l'ame & le conſeil de la République, dans ſes démêlés avec la Cour de Rome. Il travailla toute ſa vie pour la gloire & l'utilité de ſa patrie : il la défendit contre les attaques ouvertes & cachées de ſes ennemis ex‑ térieurs & domeſtiques. Sur le point de rendre le dernier ſoupir, il recueillit encore toutes les forces de ſon ame, pour proférèr ces mots, qu'il adreſſa à la ville de Venife : *eſto perpetua;* paroles mémo‑ rables, qui caractériſent ſon zele patriotique.

Vie de Fra‑Paolo.

AVERTISSEMENT.

IL eſt temps de rendre à la Patrie le tribut qui lui eſt dû, & de ſe conformer au vœu de ceux qui me diſent que j'ai écrit des volumes entiers ſur des régions étrangères, & quelques phraſes ſeulement ſur notre Patrie commune.

Le territoire de l'Argentière mérite, je l'avoue, toute la conſidération d'un Naturaliſte; ſitué entre l'ancien monde & le nouveau, entre les maſſes du globe les plus anciennes du côté du Tanargue, & les plus récentes du côté de Laurac, c'eſt dans ce lieu intermédiaire que j'ai trouvé la différence de ces deux ſortes de

A 2

matières, & réuni l'antique au plus récent, établissant la méthode nécessaire à déterminer l'état des primitives, leur décomposition en secondaires & tertiaires, ou même en plusieurs autres plus multipliées & plus récentes encore. La place du Naturaliste en ce lieu, est donc favorable à l'observation; c'est une position heureuse qu'il ne faut pas perdre de vue; & c'est de ce lieu même que nous allons commencer nos observations physiques; mais il faut faire auparavant quelques remarques historiques sur la Ville de l'Argentière, sur ses Souverains, sa fondation, ses révolutions singulières & sa topographie plus singulière encore.

3

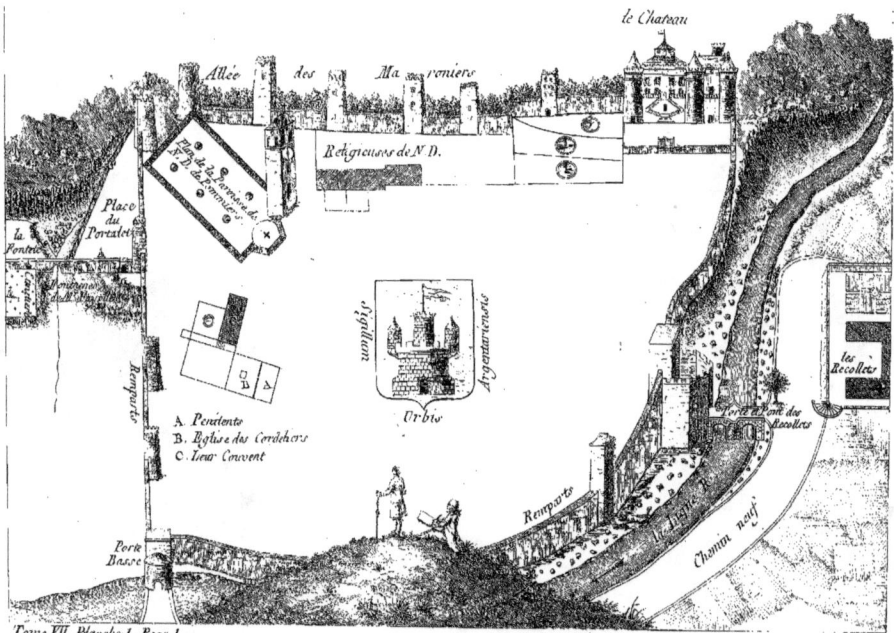

PLAN DE LA VILLE DE LARGENTIERE, Tirée du Sommet du Mont Bederet.

le Château

Allée des Ma ses roniers

Religieuses de N. D.

Place du Portalet

la Fontes

Sigilion Argentariensis

Urbis

A. Penitents
B. Eglise des Cordeliers
C. Leur Couvent

Remparts

les Recollets

Cy le Pont des Recollets

Remparts

Chemin neuf

Porte Basse

HISTOIRE

NATURELLE

DE

L'ARGENTIÈRE

ET DE SES ENVIRONS.

CHAPITRE I.

Topographie de la Ville de l'Argen-
tière ; singulière situation dans le bas-
fond d'une vallée profonde : les mines
d'argent déterminent les Comtes de
Toulouse, l'Evêque de Viviers &
divers Seigneurs à bâtir en ce lieu ;

querelles des Comtes de Toulouse & de Poitiers, contre l'Evêque ; ils traversent ses établissemens : l'Evêque triomphe ; il étend ses possessions à l'Argentière ; il fait des établissemens de mines. Le Comte de Toulouse, fauteur de l'Hérésie des Albigeois, persécuté par le Pape & les Evêques de ses Etats : Croisade publiée contre lui. Maître Milon, Légat du Pape, assemble un Concile à Montelimard ; le Prince remet à l'Eglise Romaine ses forteresses de l'Argentière, & reçoit l'absolution ; le pays de l'Argentière est sous l'autorité du Pape & de l'Evêque ; les Citoyens de l'Argentière prêtent serment contre le Comte Raymond, & reconnoissent l'Evêque. Franchises & immunités de la Ville reconnues par l'Evêque. Pons de Montlaur & le Comte de Valentinois soutiennent le parti du Comte de Toulouse. Le Général des Croisés marche vers l'Argentière, contr'eux. L'Evêque lui donne la moitié des possessions pour se maintenir dans la Ville. L'Evêque de Viviers traverse à Rome la réunion du

Comte de Touloufe avec le Pape. Fin
des troubles.

LA ville de l'Argentière eft une
des Baronnies du Vivarais ; elle députe
chaque année un de fes citoyens à l'af-
femblée des Etats particuliers de la
Province, & à fon tour tous les huit
ans à celle des Etats-Généraux du Languedoc.

Sa fituation eft telle en Vivarais,
qu'elle eft environnée de plufieurs autres
petites villes, du duché de Joyeufe, de
Pradelles, d'Aubenas, Privas, Ville-
neuve-de-Berc, Viviers & le bourg
Saint-Andéol.

Sa topographie eft fingulière : elle
eft au milieu de toutes ces villes, elle
en eft comme le centre : cependant
elle femble perdue parmi toutes les
autres, avec lefquelles elle a peu de
communication. Cachée dans le bas-
fond d'une vallée de deux cens toifes
de profondeur, fi des hauteurs du Bederet on faifoit rouler quelques corps

A 4

maffifs, & qu'ils ne s'arrêtaffent point, après des bonds & des fauts, les corps réfléchis pourroient écrafer tout un quartier.

On vouloit faire paffer la grande route de Languedoc à Paris, par l'Auvergne, au-deffus du Bederet. Cette magnifique voie que des caufes particulières ont tracée ailleurs, eût traverfé les vignobles de la Chartreufe & de Selas. Elle eut paffé fur le haut du côteau du Colombier, & fur les hauteurs du Bederet : & de là, le voyageur eût été frappé du coup-d'œil le plus pittorefque & peut-être unique dans le monde; il eût vu fous lui une ville, bâtie dans un abîme, à près de deux cens toifes de profondeur.

Située ainfi au fond d'une profonde vallée, la partie orientale de la ville ne jouit en hiver des rayons du foleil que vers trois heures du foir dans quelques quartiers, encore n'en jouit-elle que peu de temps, parce que la montagne de la Croifette éclipfe bientôt le foleil couchant. La partie occidentale, plus élevée, en profite le matin, mais en hiver elle perd bientôt de vue l'aſtre du jour.

De là ces chaleurs inſupportables en été, quand les côteaux environnans ſont échauffés, & réfléchiſſent les rayons ſolaires moins obliques ; & les froids exceſſifs de l'hiver qu'un ſoleil bénigne n'a pas le temps d'adoucir.

La ville de l'Argentière doit ſon origine à la cupidité des Evêques de Viviers, des Comtes de Touloufe & de pluſieurs Coſeigneurs. Avant que ſes mines d'argent euſſent aiguillonné ces chefs ſpirituels & temporels de la Province, elle portoit le nom peu ſignificatif de *Segualières* ; mais quand ſon minerais eut occaſionné des établiſſemens, & que la jalouſie des propriétaires eut fait bâtir *maintes fortereſſes, maintes tours & baſtions*, l'humble village ou hameau de Segualières s'appella LA VILLE : & LA VILLE DE L'ARGENTIÈRE fut la capitale, pendant quelque temps, d'un pays floriſſant & riche en mines, appellé *pays d'Argentière*.

Raymond V, Comte de Touloufe,

l'Evêque de Viviers, les Seigneurs d'Andufe, de Poitiers & de Balafuc qui avoient des poffeffions, des fiefs, ou qui vouloient en acquérir dans un tel pays riche en argent, furent les fondateurs dans le XIIe. fiècle de cette Ville; quelques Minéralogiftes en furent les premiers habitans, mais il ne refte d'autre fouvenir de fes richeffes que quelques amas de pierres brûlées, & de vieilles traditions, défigurées par l'imagination populaire fur des tréfors cachés & fur de fameufes chèvres d'or, qui prouvent le mauvais ufage que fait le peuple des connoiffances qu'il tranfmet à la poftérité. Les habitations cependant fe multiplièrent, & du bas Portal au Portalet l'amphithéatre d'une montagne très-rapide & coupée de précipices fut orné de maifons & d'établiffemens, de fortereffes & de baftions.

La cupidité divifa bientôt les propriétaires des mines. L'Archevêque de Vienne termina en 1193, par fon arbitrage, les différends élévés entre le

Comte de Touloufe, l'Evêque & autres
poffeffeurs : le Comte de Touloufe re-
nonça à tous fes droits fur les mines,
moyennant *fix deniers pogèfes*, que
l'Evêque & les Seigneurs promirent de
lui payer fur chaque marc d'argent, extrait de la terre, & fur ce fubfide le
Prince promit de défendre, de protéger
& l'ouvrage, & les ouvriers, & les propriétaires. Mais Raymond VI fon fils,
refufa enfuite de reconnoître le traité de
fon père, comme trop onéreux ; il dé-
clara que le château de Segualières &
autres du voifinage lui appartenoient
avec toutes les mines ; la conteftation
finit encore, on avoua que la moitié
du château appartenoit au Prince ; on
reconnut fes droits, *tant juftes qu'in-
juftes*, fur les mines, depuis Lende
jufqu'à Tauriers, & depuis Bruel jufqu'à Chaffiers, excepté la dîme de la
dîme que l'Eglife fe réferva fur les
mines.

Burnon, perfonnage hardi, intrépide
& ambitieux, & l'un des plus grands
perfécuteurs des Comtes de Touloufe

accufés d'héréfie , fut élu Evêque de
Viviers vers la fin du XIIᵉ. fiècle ; la
richeffe des mines du pays d'Argentière
lui infpirèrent le projet d'étendre fa
domination fur cette ville : Etienne de
Tauriers , Pierre de Vernon & Raymond de Charlas lui permirent en 1200
de bâtir des fortereffes à l'Argentière ,
à Tauriers & au-delà : Laure de Tauriers
lui rendit hommage fix ans après de
fa terre , & nobles Reale & Guillaume
de Naves lui donnèrent des droits fur
la Baronnie de l'Argentière ; plufieurs
Seigneurs du Vivarais, Giraud Ahémar ,
Montlaur, R. de Vogué , Bertrand de
Chazaux , &c. le reconnurent enfuite
pour Suzerain , & les Seigneurs de
Sauve lui vendirent le château de Belle-
garde de l'Argentière. Burnon crut
pouvoir ouvrir dès-lors des mines &
bâtir des fortereffes pour défendre fes
établiffemens ; mais Antoine de Poitiers,
Comte de Valentinois , & Cofeigneur
de l'Argentière s'oppofa à cette entre-
prife ; il y eut de part & d'autre diverfes altercations : pour les terminer ,

il fallut céder fes droits à l'Evêque, lui abandonner le fort, lui permettre d'en bâtir de nouveaux, & recevoir la moitié du château d'Antraigues, de l'Eglife de Viviers en dédommagement.

Cependant l'héréfie des Albigeois s'étendoit & fe fortifioit en Languedoc, & le Pape avoit envoyé des Légats pour févir contre l'erreur naiffante. Saint-Dominique exerçoit fon zèle contr'eux; & le Pape accorda dans la fuite à fon Ordre naiffant la prérogative du Saint-Office qui a pris fon origine parmi nous.

Le jeune Comte Raymond, foupçonné de favorifer cette héréfie, fut fommé par Caftelnau Moine & Légat du Pape, de réformer quelques abus qu'il lui reprochoit ; & comme le Prince refufoit de fe foumettre, Caftelnau frappa le Prince d'excommunication, jetta l'interdit dans fes Etats, & vint en Vivarais, où fiégeoit Burnon, Prélat toujours plus ambitieux & intriguant, qui, ayant époufé les querelles de fes prédéceffeurs fur les mines du pays d'Argentière, contre le Prince, fut un des principaux inftrumens de la ruine de la maifon de Touloufe & des perfécutions fufcitées à Raymond, dont il eut en partie les dépouilles.

Le Pape Innocent ne perdoit pas de vue la deftruction de l'héréfie ; il crût devoir écrire au Prince une lettre menaçante, pour le punir de la protection qu'il accordoit aux Hérétiques. *Si nous pouvions ouvrir votre cœur,* difoit le Pontife, *nous vous montrerions les abominations que vous avez commifes. ... Quel orgueil s'eft donc emparé de votre ame, & quelle eft votre folie, homme pernicieux, pour vous joindre aux ennemis de la Foi ? impie, cruel & barbare, n'êtes-vous pas couvert de confufion ?... Nous vous avertiffons & nous vous commandons de faire une prompte pénitence, afin que vous méritiez l'abfolution. Sinon, fachez que nous vous ferons ôter les domaines que vous tenez de l'Eglife Romaine.*

Malgré ces remontrances, le Comte de Touloufe ne témoigna pas trop de zèle.

contre les Hérétiques; auffi, crainte que la première excommunication ne fût invalide, on le frappa une feconde fois de l'anathême; d'ailleurs on le foup-çonnoit d'avoir participé au meurtre du fougueux Moine Caftelnau. Le Pape fouleva enfuite contre lui tous les Prin-ces voifins; il accorda des Indulgences à ceux qui envahiroient fes Etats; on publia une Croifade contre lui; Inno-cent envoya Milon fon Notaire, avec Thedife, Chanoine de Gênes, fes Lé-gats, qui affemblèrent un Concile à Montelimard. On manda le Comte de Touloufe, & Milon lui ordonna de remettre à l'Eglife Romaine les for-tereffes de Fanjaux de l'Argentière & fix autres places, & là, en préfence de vingt-deux Evêques de la Province, Maître Milon introduifit dans l'Eglife le Prince à demi-nu, il le fouetta à coups de verges, & lui donna ainfi l'abfolution.

La Ville de l'Argentière paffa donc des mains des Comtes de Touloufe dans celles du Pape, *par provifion*; tandis que Simon de Montfort, Chef

des Croifés, s'emparoît des domaines
du Prince. Burnon, paifible poffeffeur
de l'Argentière, obligea, par ferment,
les Habitans, le 30 Juillet 1209,
d'obéir aux ordres de l'Eglife, de ne
donner aucun fecours à Raymond, de
ne plus le regarder pour leur Maître,
& de prêter ferment de fidélité à
l'Eglife Romaine, fi le Comte manquoit
à fes fermens & s'il étoit relaps. Mais
comme ces poffeffions devoient retour-
ner à Raymond s'il demeuroit contrit
& repentant, Burnon profita de ces
momens favorables pour lui dicter les
conditions de paix; on en vint à d'autres accommodemens fur les poffeffions
de l'Argentière, mais en préfence & fous
l'autorité de Maître Thedife, Légat.

L'Evêque & les Chanoines fe plaï-
gnirent alors de ce que le Comte avoit
fait dévafter leurs poffeffions de l'Argentière par les Arragonois; ils fouté-
noient que le Traité fait avec le feu
Comte de Touloufe fon père, &
l'Evêque Nicolas, étoit nul. Il fallut
céder à l'Evêque le château de Fanjaux

jaux, l'habitation qu'il y avoit, & divers autres terrains ; & le Prince qui vouloit se concilier l'ardent Burnon, vint à la Cathédrale, en 1210, faire hommage à S. Vincent, baiser son Autel, ayant une chaîne au cou dont l'Evêque tenoit le bout pendant.

Montlaur & Aimar de Poitiers, Seigneurs distingués, fidèles à leur Suzerain, soutenoient toujours néanmoins à l'Argentière le parti de l'opprimé : ce qui fit marcher Montfort, Général des Croisés, en 1213, contr'eux avec un corps de Troupes stipendiaires. Pons de Montlaur, effrayé de la nouvelle, vint à sa rencontre lui faire des soumissions ; mais le Comte de Poitiers, plus fier & plus osé, se barricada dans son château & se prépara à un siège que Montfort n'osa entreprendre.

L'Evêque ne put soutenir sans doute son autorité dans cette Ville outragée dans ses libertés, & forcée de passer d'un maître à un autre, sous prétexte de punir un Hérétique. Quoi qu'il en soit, Burnon donna au Général des

croisés divers domaines, & entr'autres les Forteresses de Fanjaux dans le
pays de l'Argentière : il lui donna en
garde la moitié des revenus de ce
château, nombre & commise pendant le
Comté de Toulouse, & se réserva
L'Evêque qui n'avoit pas la
force sans doute de conserver le tout,
vouloit obtenir un appui pour soutenir
le reste & pour l'opposer au Mont-
au Comte de Poitiers tandis
qu'il travailla d'un autre côté à se
faire reconnoître par les Citoyens de
l'Argentière, & passa avec les Habitans à Jaujac par un acte par lequel il
reconnoissoit leurs droits & leurs franchises qui étoient convenus désignés.
La Ville avoit déjà député au tra-
vant Hugues de la Chaize-Dieu,
Guillaume d'Anduse, Benoît d'Alber-
Ville & autres Citoyens, pour soutenir
ses immunités. L'Evêque avoit de son
côté les Archidiacres de Vienne, l'H-
Guillaume de Cornillon, Gau-
des de Vogué, Raymond de Vogué
Aldebert son fils. Les Habitans pro-

mirent hommage & fidélité à Burnon,
ils jurèrent de le défendre contre ses
ennemis, de ne jamais prendre aucun
parti contre lui, & de lui présenter les
Consuls élus pour être confirmés.

Cet acte, passé le mois de Juillet,
fut ratifié à l'Argentière le mois de
Septembre 1215 suivant. L'Evêque reconnut, de son côté, les immunités de
la Ville & en accorda d'autres. Il reconnut l'allodialité des maisons, &
permit à chaque Citoyen de choisir son
Juge. Il promit de ne punir l'adultère
qu'en faisant courir toute nue la personne surprise dans ce crime; il con-
sentit de soulager les Ouvriers des Mines qui seroient convaincus de vol
d'argent, en n'exigeant que des ser-
vices pour le lavage ou la fonte du
minerais. Les Gens de Loi se permet-
toient sans doute alors dans cette Ville
diverses concussions; les Citoyens de-
mandèrent & obtinrent de Burnon que
les Parties ne leur donneroient aucune
somme qu'après la fin du procès. La
Ville se réserva le bien des Citoyens

morts *ab intestat*, sans parens connus, & l'achat franc des oignons, poireaux, raves & ails sans payer des leudes.

Telles furent les conditions sous lesquelles la Ville reconnut l'Evêque de Viviers pour son Seigneur, au préjudice des Comtes de Toulouse.

Abandonné tantôt de ses Alliés, tantôt de ses Sujets, persécuté par les Légats & les Evêques de ses Etats, le Comte Raymond mourut dans la suite, laissant à son fils ses Etats ravagés par Monfort, Général des Croisés.

Raymond VII, Comte de Toulouse, trouva, en 1124, une circonstance favorable de rentrer dans le giron de l'Eglise; un autre Pape, nommé Honoré, avoit succédé à des Pontifes plus entreprenans; le Prince lui envoya des Ambassadeurs qui témoignèrent que Raymond étoit touché de repentir & demandoit pardon & miséricorde par leur organe; mais l'intrepide Burnon, & quelques Evêques qui avoient profité de ces malheureux temps pour se saisir des terres du

Prince, écrivirent au Pape que ce
repentir n'étoit pas sincère; ils l'ac-
cusoient ce Prince de divers griefs
contre leurs Eglises; le Pape qui
écouta leurs plaintes, jugea que les
Forteresses, celle sur-tout de Fanjaux, dans l'Argentière, étoit de bonne
prise, & pour la conserver à l'Eglise
de Viviers, il écrivit en ces termes,
en 1124, au Sacristain de Romans,
au Doyen & au Chantre de l'Eglise
de Valence : le noble homme Raymond, fils de Raymond, autrefois
Comte de Toulouse, nous a fait souvent proposer, qu'il souhaitoit de faire
satisfaction à Dieu & à l'Eglise pour
ses crimes, & de rentrer dans l'unité
ecclésiastique, dont il a été séparé à cause
de ses excès ; mais ses œuvres démentent
ses paroles. Il a offensé si grièvement
Dieu & l'Eglise, que quand il donneroit
même tout son bien, il ne sauroit faire
une satisfaction convenable ; il ajoute
excès sur excès, & opprime les Eglises,
en sorte qu'il vexe actuellement, comme
nous l'avons appris, celle de Viviers,

B 3

pour ne pas parler des autres, & qu'il s'est
emparé de la ville de l'Argentiere, qui
est un des principaux domaines de cette
Eglise, sous prétexte que son père, en a
possédé autrefois une partie, il commet
cette vexation, après que le Siège Apos-
tolique ayant privé entièrement son père
de tous ses Etats pour crime d'hérésie, a
confirmé cette Ville à l'Eglise de Viviers,
qui l'avoit unie à son domaine par droit
de commise. C'est pourquoi nous vous
ordonnons d'avertir ce noble d'être attentif à ne pas commettre de nouveaux excès, mais plutôt à réparer les anciens, &
à discontinuer de persécuter cette Eglise,
nommément dans ce domaine, & dans
tous les autres; & de lui déclarer que,
s'il ne se rend pas à nos rémontran-
ces, & s'il persiste à inquieter l'Eglise
de Viviers, c'est vainement qu'il se
flatte d'obtenir sa réconciliation. Enfin, s'il ne se corrige, vous n'avez qu'à
user de censures envers lui & envers ses
complices, nonobstant tout appel, car
celui qui est déja lié, peut l'être encore
davantage.

Toutes sortes de désastres accablè-
rent ensuite le Comte Raymond, il eut
la douleur de voir des Evêques de
France, assemblés en Concile à Montpellier, disposer de ses domaines en
faveur du Général des Croisés, son
Prince eut beau implorer à Rome la
clémence du Pape, le Concile dur
trans... laissa à la famille que la moitié
& adjugea l'autre au même Général
& cette contestation ne finit que par la
médiation du Roi de France, & de ... ma-
riage de la fille unique de Raymond
avec le frère de ce Souverain: Raymond
leur donna la ville de Toulouse, conserva l'Agénois, le Rouergue, une partie de l'Albigeois, la paix fut conclue
à Paris, où le Comte reçut en 1228 à
Notre-Dame, l'absolution du Légat,
nuds pieds, à demi-nu, après avoir im-
ploré *non le jugement, mais la clémence
du Légat aux termes de l'acte.* Le Pape,
de son côté, conserva le Marquisat de
Provence, situé entre le Rhône & la
Durance, que Grégoire IX restitua
dans la suite : c'est ainsi que le Prince

B 4

fut réconcilié avec Dieu, & fit pénitence.

La Ville de l'Argentière demeura dans
la suite dans le domaine des Evêques.
Adhemar de Poitiers, Comte de Valentinois, fit un don, en 1229, à Berniond,
Evêque, de ses droits & actions sur
cette Ville, promettant de ne plus bâtir
de Forteresses, depuis la rivière de
Lende, jusqu'au ruisseau de la Croix,
& depuis le Château de Tauriers jusqu'à la rivière de Lende, sous peine de
démolition. L'autre moitié que Buc-
non avoit adjugée au Général des Croisés, fut comprise dans le domaine du
Roi, puisqu'elle appartenoit, de même
que le château de Fanjaux, Sanson,
Cheylus, Aps, Balazuc, Joyeuse, en suze-
raineté, à Philippes-le-Bel, en 1306.

Telles furent les révolutions arrivées
à l'Argentière, dès les premières années
de sa fondation ; l'héréfie & la cupidité
lui donnèrent successivement pour
maître un Comte de Toulouse, un
Evêque, le Pape, un Général des Croisés, & enfin le Roi de France, sous

l'autorité duquel elle a été, comme le reste du pays, plus paisible & moins sujette à des révolutions.

Les mines de l'Argentière ont pour gangue une pierre de grès fort dure, & c'est sans doute au travail de tant de mineurs qu'il faut attribuer l'extraction des pierres employées à la construction de la magnifique Eglise gothique qui paroît avoir été fondée dans le XII.e siècle, comme l'annonce le style de l'architecture du monument. Trois nefs sont soutenues par six piliers & par dix demi-piliers, dont les colonnes, quoique d'un grès très-compacte, sont taillées avec beaucoup de goût; le clocher, les Chapelles, excepté celles de l'Evangile & de l'Epître, la voûte du chœur sont des ouvrages postérieurs qui cachent la magnifique simplicité primitive de ce beau monument.

On y voit les armes de France, avant la réduction des fleurs de lis, au nombre de trois, elles sont dans cet ordre trois, deux & une. Cette

Eglise gothique perdue dans un pays
montagneux, la plus belle du Vivarais, seroit curieuse à Paris même, c'est
avec la même pierre qu'ont été bâties
les fortifications qui environnent la
Ville, & qui lui donnent un air si
pittoresque en la voyant de quelques
hauteur.

La Ville de l'Argentiere ne paroît
citée depuis ces mouvemens, qu'en 1562.
Le Diocèse abandonné de Sala, Farnèse
& S. Vital, Evêques de Viviers Italiens, fut en proie aux sectateurs de
Luther & de Calvin, qui envoyèrent
successivement des disciples, quelques-
uns de l'Argentiere adoptèrent leurs
erreurs, & les Consuls de l'année 1562.
maîtrisés par leur Gouverneur, ordonnèrent aux Cordeliers d'abattre leurs
Saints & leurs Autels, sous peine de
prison, & de quitter leur habit, sous
peine du fouet. Decombas, Seigneur
de Versas, Gouverneur de la Place,
fit traîner *les Saints*, les images &
autres choses sacrées jusqu'à la place de
la Ville, & les brûla en présence des

tout le peuple. Le même jour trois cens soldats, conduits par Valleton & Laporte, arrivèrent d'Aubenas pour aider Versas dans ses expéditions ; ils pillèrent ensemble le Couvent, enlevèrent les *acoutremens de la Sacristie*, emportèrent *six charges de livres, avec la Bible & les quatre Docteurs de l'Eglise*, enlevèrent le plomb des trente-deux fenêtres de l'Eglise, firent un tas de tout, l'arrosèrent de demi-charge d'huile d'olive, & en firent un grand feu de joie.

Quelques jours après on enleva encore aux Religieux des Vases sacrés, on les chassa de leur maison, on coupa les tuyaux de plomb de leur fontaine, on conduisit des Frères Jacobi & Vital au château ; on les menaça *du saut dans la rivière*, s'ils ne donnoient leur croix d'argent ; *& ils la donnèrent, craignant le saut* : mais non content de ces brigandages, Decombas mit le feu à ce magnifique couvent, qui avoit contenu autrefois cent cinquante Religieux, & lorsque le peuple irrité vouloit

éteindre cet horrible incendie, les Consuls de concert avec Decombas fermè-
rent les portes de la Ville, pour laisser
brûler le monastère.

Les Habitans de la Ville cependant
n'étoient ni tous hérétiques, ni ré-
voltés; soumis à un Gouverneur fana-
tique, qui appelloit d'Aubenas, de
Valon & du voisinage, des troupes de
renfort, ils ne pouvoient s'opposer à
ce Chef, mais ils furent bientôt dé-
livrés de ce Tyran, & professèrent
librement la Religion Catholique; or
en 1577 les hérétiques prirent encore
la Ville sur les Catholiques, la perdirent de nouveau, & s'en emparèrent
en 1581 pour la troisième fois, avec les
circonstances suivantes.

Six cens Religionnaires venus d'Aubenas, viennent attaquer la Ville du
côté de Chassiers, dont les tours &
l'Eglise ne purent résister aux rebelles;
des Religionnaires de Vallon se réu-
nirent aux précédens; on attaque la
Ville par la porte basse, par le Bederet & la côte de Chassiers. Mation

Les Habitans de ce village viennent harceler en vain les assiégeans; une grêle de pierres jetées avec des frondes, & diverses actions avec le fusil entre plusieurs Capitaines, désolèrent les Habitans, ils perdirent la Ville & se jettèrent dans l'Eglise & dans le château, qui furent attaqués; l'Eglise étoit pleine de femmes, d'enfans & de vieillards, ils s'attendoient à être égorgés à côté des Autels, refuge d'un peuple croyant, qui ne vouloit pas changer de religion; mais l'ennemi s'éloigna de la Ville, qui fut pillée & abandonnée dans un pitoyable état.

Jean de l'Hôtel, succédant aux mercenaires italiens, rappella par la douceur à l'ancienne croyance ceux de les Vassaux de l'Argentière qui s'en étoient écartés. Louis de Suze y établit dans la suite des Religieuses pour l'éducation de la jeunesse, des Récollets pour faire des missions, & les Evêques, entretenant des liaisons avec les principaux de la Ville, & sur-tout avec la Maison de Rochier du Prat, conser-

vèrent la Ville dans la foi & dans
la fidélité au Roi : l'Argentière n'eut
ensuite aucune part aux troubles qui
défolèrent le refte de la Province fous
Henri IV, Louis XIII & Louis XIV.
Enfin un Evêque de Viviers vendit au
commencement de ce fiecle au Comte
de Brifon la Baronnie & la Ville, qui
depuis cette époque n'a reçu de fes
nouveaux Seigneurs que des témoignages de bienfaifance & d'honnêteté.

Si l'Hiftoire peut montrer quel eft
le caractere d'un peuple, celui des
Citoyens de l'Argentière eft bien recon-
noiffable par ce récit : deftinés dans
tous les temps à fuivre les impreffions de
leurs Chefs, ils n'ont jamais donné des
preuves de ce caractere fier ou impétueux qui a long-temps diftingué les
Vivarois. Toujours paifibles & contens
de leurs maîtres, ils fe foumirent également au Comte de Touloufe & à
l'Evêque de Viviers ; ils reconnurent
le Pape, comme le Général des Croifés ;
tous ces maîtres leur furent indifférens.
Dans des guerres civiles on voit un

fougueux Gouverneur, incendiaire &
affaffin; & le pieux Jean de l'Hôtel
maîtrifant les Citoyens, & ordonnant
tour-à-tour le Culte Romain & le Culte
Proteftant.

Quelques vieillards vous diront encore fi vous les écoutez, que la Ville
eut toujours befoin d'un maître, que,
dominée tantôt par fon Juge, tantôt
par un Curé, & quelquefois par des
perfonnages d'une bien moindre im-
portance, elle en reçut & fa loi & fa foi;
on parle même de je ne fais quel tableau
où tous les Citoyens font repréfentés
conduits par un vieux atrabilaire jaloux
& orgueilleux de leur commander feul,
avec ces paroles: je regne; mais ces bruits
vagues, populaires & fans fondement
font méprifés par de vrais obfervateurs:
la Ville de l'Argentière n'eft remarquable aujourd'hui que par l'aménité de fes
mœurs; on n'y trouve ni les haines
héréditaires fi communes dans les Villes
de Province, ni cette rivalité qui eft
le tourment de la vie, ni cette im-
patience contre le fuccès des Concitoyens.

On y fait à la vérité, même dans ce moment, des chanfonnettes, & celui *qui ne dit pas fon mot*, les fait compofer, paye des chantres, les envoie dans les campagnes, & vous dit: *ce n'eft pas moi*; on a tenté quelquefois de renverfer par ce moyen les projets du voifin; mais comme on ne doit pas caractérifer le Citoyen Romain par le génie des Pafquinades, ouvrages ténébreux & défavoués, les chanfonnettes qui dans nos Provinces font méprifées des honnêtes gens, lors même qu'ils s'en amufent, ne doivent point être confidérées dans la détermination du caractère d'une ville peuplée de gens de bien, de Citoyens religieux & furtout bons François.

Paris, le mois de Mars 1784.

CHAPITRE

CHAPITRE II.

Etablissement fait à l'Argentière en Vivarais, d'une Bibliothèque, ou Dépôt de Livres sur la Médecine, la Chirurgie, la Botanique, la Physique & le Droit. Clauses de l'établissement. Nécessité de ce Dépôt en Vivarais, pays dépourvu de Bibliothèques publiques ; avantages moraux & politiques en faveur des Peuples voisins peu civilisés & enclins à la révolte ; avantages pour le progrès des Sciences. Preuves de ces avantages par l'énumération des Auteurs vivans (en l'année 1782), & originaires du Vivarais. Nécessité de l'établir à l'Argentière, centre du pays. L'Argentière, ville presqu'aussi considérable que chacune des autres, & l'une des huit Baronnies de la Province : utilité particulière du Bibliothécaire à cette Ville.

UN Citoyen de la Ville de l'Argentière, qui n'a pas voulu que son

nom fut imprimé dans l'acte suivant,
a cru devoir léguer sa collection de
Livres au Vivarais sa patrie, & la laisser
dans la Ville de l'Argentière, comme
un dépôt nécessaire à une Province,
& mieux placé dans cette Ville, située
au milieu de cinq autres. La disposition de cette collection de Livres en
faveur du Vivarais, est conçue en ces
termes :

« L'an mil sept cent quatre-vingt-
quatre, &c., &c. établi en personne N.,
Citoyen de la Ville de l'Argentière,
reconnoissant qu'il n'existe aucune Bibliothèque en Vivarais, pays devenu
célèbre depuis les nouvelles découvertes en Histoire Naturelle, & fréquenté
par des Voyageurs illustres, français &
étrangers ; considérant la nécessité d'une
Bibliothèque dans un Pays situé vers
le milieu de la France, peu connu,
montagneux, presqu'oublié, abondant
en eaux minérales, mines, plantes al-
pines & médicinales, pour exciter
l'industrie, éclairer l'Agriculture, le
Commerce, les Chefs des Manufactu-

res , & étendre le règne des Arts ; reconnoissant d'ailleurs ledit Fondateur,
du côté moral & politique que cet établissement doit concourir, en facilitant
le progrès des lumières , à adoucir les
mœurs & le caractère d'un Peuple peu
civilisé , livré pendant les deux derniers siècles , & même au commencement de celui-ci, à tous les malheurs
des guerres religieuses ou civiles , &
qui vient d'éprouver même, tout récemment, les inconvéniens d'une émeu-
te occasionnée par une longue suite
d'exactions exercées par des Gens de
Loi sur des Citoyens foibles & igno-
rans ; considérant que ce pays aride a
été jusqu'à présent péu fréquenté , &
presqu'inconnu ; dans un temps où les
Arts & les Sciences utiles ont vivifié
les autres Provinces voisines , excité
l'industrie & le Commerce ; avouant ledit Fondateur, que l'esprit des Habitans
de cette contrée montagneuse est porté cependant aux Sciences & aux Belles-Lettres , & même aux découvertes,
puisqu'il est averé qu'un espace de ter-

rain d'environ douze lieues carrées, a vu naître M. le *Cardinal de Bernis*, de S. Marcel ; M. le Marquis *de Vogué*, Chevalier des Ordres du Roi, Lieutenant-Général de ses Armées, distingué par son savoir dans l'Art Militaire ; M. *Court-de-Gebelin*, originaire de Villeneuve ; MM. *Montgolfier* & *Johannot*, d'Annonay ; M. l'Abbé *de Moriesagne*, Auteur des Lettres imprimées dans le Volume de M. *Faujas*, né à Pradelles ; M. l'Abbé *Roux*, Auteur des Lettres insérées dans le Tome VI de l'*Histoire Naturelle des Provinces Méridionales*, de M. l'Abbé *Soulavie* ; ce qui prouve que si cette contrée montagneuse est encore peu éclairée, on ne peut l'attribuer qu'au défaut des moyens ; incité enfin à poursuivre l'établissement d'un dépôt public de Livres par divers Citoyens bons français, qui desirent de donner leurs Bibliothèques, quand la fondation sera revêtue des formes légales.

Vu toutes ces circonstances & autres, ledit Fondateur, de son plein gré, libre volonté, & par donation & fondation à jamais irrévocable, a donné & donne au pays de Vivarais une collection de quatre mille Volumes, confiftant, en partie, en Livres de l'Imprimerie Royale, dont SA MAJESTÉ a daigné le gratifier, ou provenus du dépôt du Contrôle-Général; plus, les continuations defdits Ouvrages pour lefquels ledit Fondateur eft infcrit, & autres Livres fur le Droit, fur la Littérature, les Sciences & les Arts, au nombre de 4000 volumes feulement, fous les conditions fuivantes:

1°. Cette Bibliothèque fera publique en faveur des étrangers, voyageurs & habitans du Vivarais;

2°. Elle ne renfermera aucun Livre contre la Religion nationale, les bonnes mœurs, ou la perfonne facrée de nos Rois;

3°. Elle fera établie & permanente dans la Ville de l'Argentière, & jamais ailleurs, ladite Ville étant fituée vers le centre d'un pays où les lumières font plus néceffaires, & le plus curieux pour les voyageurs, & fe trouvant en-

C 3

vironnée des Villes de Pradelles, Aubenas, Privas, Villeneuve, Viviers, le Bourg-Saint-Andéol, Saint-Marcel-de-Pierre-Bernis, & le Duché de Joyeuse, sans que ladite Bibliothèque puisse jamais être transférée ailleurs pour aucune raison quelconque, ladite Ville de l'Argentière étant une des premières Baronnies de la Province.

4°. Ledit Fondateur se réserve le droit d'assigner quelles personnes doivent nommer les Bibliothécaires à l'avenir ; celui de dresser les Statuts pour la police, l'ordre de la Bibliothèque, la tenue & conservation des Livres, & les qualités & devoirs des Bibliothécaires, une expérience locale étant nécessaire à la détermination de ces objets ; mais si ledit Fondateur décède avant d'y avoir pourvu, il veut qu'on suive les Statuts de la Bibliothèque du Roi, pourvu qu'ils laissent les articles du présent acte dans leur validité, forme & teneur, & qu'ils conviennent aux lieux & circonstances.

5°. Le Bibliothécaire pourra être

Ecclésiastique, Avocat, ou Médecin ;
s'il est Avocat, il sera obligé de donner aux Pauvres qui se présenteront,
des consultations gratuites, deux heures chaque semaine, un jour fixe ; s'il
est Médecin, il sera tenu de secourir
gratuitement les Pauvres exposés à mou-
rir sans secours, en les visitant, une
heure & demie, fixe, par chaque jour
de l'année ; & s'il est Ecclésiastique,
il sera tenu d'enseigner le Latin à deux
pauvres Ecoliers. Enfin la Bibliothèque fournira tous les ans les Livres
nécessaires aux études de deux pauvres
Ecoliers, étudians au Latin, en Médecine, en Chirurgie ou en Droit.

Déclarant ledit Fondateur qu'il
donne également à ladite Bibliothèque
tous les instrumens de Physique & objets d'Histoire Naturelle qu'il a & pourra avoir à sa mort, pour être placés
dans des lieux apparens & publics ; reconnoissant que, s'il n'a été pourvu à
l'achat d'un local pour contenir les Livres, ni à l'entretien d'un Bibliothécaire, ayant son décès, ledit Fondateur

C 4

affigne pour ces objets tout ce qu'il tient du patrimoine de feu fon pere; pour, le produit de la vente defdits biens, être placé, felon les Edits du Roi, & dans la forme qu'ils prefcrivent, au profit de ladite Bibliothèque.

Voulant ledit Fondateur, qu'en reconnoiffance des dons faits à ladite Bibliothèque, il foit placé dans un lieu diftingué, apparent, & plus élevé, le Bufte de SA MAJESTÉ avec cette infcription: *LOUIS XVI, LE MEILLEUR DES ROIS ET LE PÈRE DES FRANÇAIS, a donné en 1782, des Ouvrages de fon Imprimerie Royale, qui ont été le premier fonds de cette Bibliothèque, la première qui ait été établie dans ces pays agreftes & montagneux.*

Avec d'autres infcriptions & marques de gratitude placées en d'autres lieux, relatives aux bienfaiteurs de cet établiffement, defirant qu'il foit écrit fur la porte d'entrée, ces paroles: *Bibliothèque publique du Vivarais, fondée en 1784, la dixième année du règne de LOUIS XVI.*

Le tout fait en préfence de, &c.

CHAPITRE III.

Reſtes de quelques vieilles ſuperſtitions.
Uſages ſinguliers dans la Ville de l'Ar-
gentière & dans le voiſinage.

ROME avoit des Divinités à la
Ville, dans les jardins & dans les
campagnes, chaque action de la vie &
toutes les paſſions avoient un Dieu qui
préſidoit : l'homme abandonné à ſon
imagination, s'eſt créé dans tous les
temps des fantômes & des puiſſances
invifibles ; tant il eſt vrai que des Loix
& une vraie Religion invariable dans
ſes dogmes, ſont néceſſaires à ſon
bonheur & à ſon repos.

Les vieux contes des Vieillards vous
montrent à l'Argentière, dans chaque
montagne, tour, Egliſe ou château, un objet effrayant, une Fée,
un eſprit, ou un revenant. Nous nous
contenterons de dire ſur tous ces objets, qu'un fiècle plus éclairé a jeté

dans l'oubli ces anciennes inventions de l'ignorance ou du fanatisme ; mais si on ne croit plus à ces rêveries, il reste encore des usages singuliers qu'il est bon de rapporter, & que dans le pays on appelle *les modes*.

Après que toute la Jeunesse s'est beaucoup divertie le Mardi-Gras, elle passe pendant la nuit devant la porte de chaque fille nubile : on trace en gros caractères romains, le nombre de ses années ; on continue ainsi tous les ans jusqu'à ce que la fille soit mariée ; mais on observe que plusieurs d'entre elles en vieillissant ont soin d'effacer, le grand matin du Mercredi des Cendres, la double ou la triple X qui occupent toute la porte.

A Montréal, les garçons peignent quelquefois ces chiffres avec de la lie des tonneaux ; mais le lendemain les filles viennent jeter à leurs portes la graine du foin qu'on trouve au fond du grenier. Ce fait & les représailles sont vrais, mais je n'ai pu être instruit encore de la signification.

A Laurac, Montréal, & autres Paroiſſes voiſines, un Etranger qui emmène une fille de la Paroiſſe pour l'épouſer, doit payer vingt ou trente ſols à chaque jeune homme non marié de cette Paroiſſe.

Enfin la première nuit des noces tous les camarades portent vers minuit aux jeunes mariés, une ſalade de poivre long ou de céleri, & l'obligent d'en manger. On a vu la jeuneſſe, à qui on refuſoit cette prérogative, eſcalader une maiſon & enlever des cloiſons pour ſervir la ſalade.

Quelques Lecteurs qui ne deſirent que des détails phyſiques, pourroient trouver peut-être les trois Chapitres précédens fort longs; mais ils prouvent, comme on l'a déjà dit, qu'on ne peut guère écrire l'Hiſtoire de la Nation ſans avoir approfondi l'Hiſtoire des Villes & des Provinces; elle contient quelquefois des faits majeurs bien dignes de paſſer à la poſtérité.

Quant à l'obſervation des mœurs particulières, il eſt bon que le Politi-

que, le Moralifte & le Philofophe re-
connoiffent l'état de l'homme dans ces
habitations peu étendues, comment il
vit dans ces pays ifolés, & quelles font
fes habitudes. Le Naturalifte enfin dé-
voile, dans ces pays montagneux & re-
tirés, les fecrets de la nature. L'Hiftoire,
la Politique, la Phyfique & la connoiffance du Globe profitent donc de ces
obfervations détaillées. Etudier ces objets dans des Livres ou dans les Capita-
les, c'eft étudier des Romans en Philo-
fophie & en Hiftoire Naturelle.

Enfin fi quelqu'un pouvoit croire que
le tableau des Croifades eft outré, je
dois dire ici que c'eft un réfultat des
actes recueillis dans la Bibliothèque du
Roi, dans les papiers d'un Féodifte de
l'Argentière, dans les archives des Cordeliers, & un extrait fidèle, 1°. de l'Hiftoire des Evêques de Viviers, par le
Jéfuite Colombi, 2°. de l'Hiftoire de
Languedoc, par Dom Vaiffette, Religieux véridique & modéré. Confidé-
rons la partie phyfique du *pays de*
l'Argentière.

CHAPITRE IV.

Eaux potables de l'Argentière, air sain:
Hauteur du baromètre ; maladie des
bestiaux en 1746 ; éruption d'eaux
vives à l'Argentière, sorties du sein
de la terre en 1768 : temps de l'année
plus ou moins favorable à la vitalité.
Catalogue centenaire des morts où est
écrit le nombre des mortuaires pour
tous les jours de l'année. Résultat de
ce catalogue.

LA Ville de l'Argentière, quoique
située dans un bas-fond, jouit cependant
d'un air pur ; les Habitans y vivent long-
temps, & les eaux des fontaines, celle
des Récollets, celle de *Razet* & de
la Fontèze sur toutes les autres, filtrées
à travers des amas de terre quartzeuse,
sont très-légeres & amies de l'estomac.
Le pays n'est point fiévreux ; mais les
pauvres gens de la campagne, obligés,
souvent pour deux sols, de porter sur

le sommet des hautes montagnes des
fardeaux, & de faire des travaux qu'on
abandonne ailleurs à des bœufs ou à des
mulets, font sujets aux péripneumo-
nies, aux inflammations de poitrine, &
autres maladies violentes de plusieurs
espèces : l'air est plus salutaire vers les
hauteurs de la Ville, & les comestibles
s'y conservent bien plus long temps.

La hauteur du baromètre en temps
variable est de 26 pouces, 6 lignes.

Les bœufs éprouvèrent une maladie
contagieuse & singulière en Vivarais
en 1746 ; la maladie se communiquoit
entr'eux, lorsqu'ils flairoient sur-tout
les excrémens des bœufs attaqués, &
qui étoient pour les animaux sains si
attrayans, qu'ils les attiroient de cinquante pas. Les hommes qui respiroient
l'air exhalé de ces animaux malades
étoient attaqués de vomissement, de
coliques, de diarrhées, quoique la vian-
des de ces bœufs ne fût pas nuisible à
tous ceux qui en mangeoient.

Il paroît, par le récit de M. de Sauvages qui examina attentivement cette

maladie, que le virus morbifique formoit une fphère maligne fort peu étendue. Plufieurs Villages fe préfervèrent
de l'infection par une police exacte,
en éloignant tous beftiaux des Villages
dont les bêtes étoient gâtées; tandis
que dans les Villages où l'on n'obferva
aucune police, il mouroit à-peu-près
dix-neuf bœufs de vingt qui avoient
été attaqués.

En 1768, vers la fin de Décembre,
de fortes pluies firent enfler la rivière
de la Ligne, qui mouille les remparts.
Le 3 de Janvier on vit fortir de plufieurs caves des fources d'eau vive &
claire. On vit fortir encore du lit de
la rivière d'autres jets d'eau également
limpide. Toutes ces fources étoient
nouvelles dans le pays, & jamais on
n'avoit oui dire qu'il fortît de ces lieux
aucun filet d'eau. Ces écoulemens, qui
durèrent trois jours, firent juger qu'il
étoit forti 43,200 toifes cubes d'eau. La
plupart des fources étoient fumantes
à caufe de la froide température de
l'air & de la chaleur fixe des conca-

vités d'où elles fortoient & d'où elles tiroient leur chaleur réelle. L'hiftoire de ces écoulemens inopinés fe trouve dans les *Mémoires de l'Académie des Sciences.* M. le Prince de Beauveau, alors Commandant de la Province, qui en avoit appris le détail par quelques lettres, en fit part à M. le Comte de Maillebois, de l'Académie des Sciences, qui la communiqua à l'Académie; je ne fais fi ces phénomènes ont été bien obfervés, mais on les a mal expliqués, en difant que ces eaux étoient renfermées dans les concavités qui fe font ouvertes de nos jours, & qu'on trouve fous la Ville; car les eaux qui fortirent à cette époque de ma cave étoient bien élevées au-deffus de ces concavités qui n'ont pu ainfi être les réfervoirs, mais feulement les canaux de ces eaux fupérieures. Depuis cette époque, on n'a plus vu fortir d'eau des mêmes lieux.

On trouve à l'Argentière un catalogue des Citoyens décédés depuis cent ans : chaque maifon un peu

riche

riche a fait inférer dans cettte lifte le nom du défunt, le mois, l'an, le jour du décès, & il eft poffible de favoir dans la révolution de cent ans, combien il eft mort de perfonnes de l'un & de l'autre fexe dans une telle faifon : dans quel temps de l'année il meurt le moins de malades, & par confé-quent de décider quelles font les faifons favorables ou nuifibles à la vi-talité.

Des Médecins & des Naturaliftes d'un grand nom fe font occupés de ces importantes recherches : tous s'ac-cordent à affurer que les folftices & les équinoxes font les époques dangereu-fes, & ces obfervations font appuyées par des faits conftans.

Hippocrate a très-bien obfervé auffi que ces temps étoient les plus dange-reux : Lancizi à Rome & Picquer en Efpagne ont annoncé les mêmes réful-tats. Des obfervations de vingt - cinq ans de durée, faites à Lyon, ont dé-montré que le nombre des mortuaires des quatre mois voifins des deux équi-

noxes, furpaſſoit d'un ſeizième celui
des quatre mois d'hiver, & d'un hui-
tième celui des quatre mois d'été. On
dit même que les Univerſités, dont
les gradués ont droit aux Bénéfices va-
cans, ont aſſez bien opté les mois de
faveur & de rigueur dans leſquels
la mortalité eſt plus grande, pour favo-
riſer davantage leurs élèves, & donner
aux gradués le plus grand nombre poſſible de Bénéfices.

En Allemagne, les mois d'Octobre
& de Mars offrent le plus grand nombre
de mortuaires, comme l'a obſervé
Hoffman : à Paris & en Angleterre ce
nombre eſt plus conſidérable ſous l'équinoxe du printemps que ſous celui d'automne ; les mois de Mars & d'Avril
ſont donc plus dangereux que ceux de
Septembre & d'Octobre ; & M. Barthez
croit enfin que dans les pays chauds de
la France le mois de Juillet eſt très-
mortel, comme le mois de Janvier l'eſt
dans les pays froids.

Le calendrier centenaire des morts
de l'Argentière a des avantages par-

ticuliers pour ces genres de recherches ;
1°. il ne renferme que les mortuaires
des adultes. Les enfans se trouvant
hors de ce catalogue permettent des ré-
sultats plus précis. Dans nos pays montagneux ce n'est point dans les équinoxes qu'il en meurt un plus grand
nombre, mais dans la rigueur des saisons extrêmes, avec cette différence
que les enfans qui ne vivent encore
que de lait, meurent principalement
dans le mois de Janvier, en Décembre
& en Février ; & ceux qui ont atteint
l'âge d'un à quatre ou cinq ans meurent
plus communément dans le mois d'Août,
& après des chaleurs long-temps soutenues, qui ne sont point autant nuisibles aux enfans à la mamelle.

Le résultat du catalogue centenaire,
où ne sont point insérés les enfans, doit
être donc plus sûr que tout autre établi
sur des regîtres qui ne distinguent point
l'âge des morts.

Le second avantage de ce catalogue,
c'est que l'observation est de cent ans
de durée : les épidémies, les maladies

D 2

annuelles ou menfales qui affectent telle
époque, pour quelque dérangement
dans l'atmofphère, quelque caufe paffagère ou locale, ne peuvent ici in-
duire en erreur; c'eft la feule marche
de la nature qu'on obferve dans un
efpace de longue durée.

La troifième obfervation fe tire de ce
que les Pauvres font exclus du compte,
& voici pourquoi. Ce catalogue centenaire fut imaginé anciennement pour
rappeller pendant cent ans la mémoire
d'un trépaffé. Tous les Dimanches le
Curé lit au Prône le nom des Citoyens
dont l'anniverfaire du décès doit tomber pendant la femaine. Cet ufage rappelle au fils, au petit-fils & à fa poftérité, pendant cent ans, la mémoire de
fes parens & aïeux; mais à côté de cet
ufage fi pieux & fi louable fe trouvent
auffi l'abus & la barbarie, les Pauvres
font exclus de l'honorable commémo-
ration & de la participation aux prières
publiques qui la fuivent; c'eft que,
n'ayant fouvent aucun bien, ou aban-
donnés dans la mifère, leur héritier ne

pouvoit offrir au Curé le pain & le vin, ou la rétribution en efpèces que les riches donnoient pour obtenir l'infcription dans le catalogue, & fans laquelle le malheureux étoit exclu. Je dois dire ici que le Pafteur actuel, humain & charitable, n'étant point attaché à la *Simaife* ou pot-de-vin qu'on donnoit pour la nomination, vient d'admettre aux prières centenaires & à l'infcription, les pauvres & les riches indiftinctement ; on doit encore au même Pafteur de ne plus inhumer dans l'Eglife, mais dans un cimetière fans diftinction de rang ; auparavant c'étoit une chofe défagréable d'être obligé d'enterrer fon père dans le cimetière, & une efpèce d'opprobre de pourrir à côté d'un pauvre.

Toutes ces petites manies provinciales, frappées de ridicule, rendent la liberté au peuple ; en général il eft trop méprifé en France par les rangs fupérieurs & par des Chrétiens qui oublient leurs frères : mais fous un Monarque qui eft le Protecteur de nos

D 3

campagnes, il eſt permis de rappeller aux Grands qu'ils doivent aux larmes & aux ſueurs de ce peuple la ſoie qui les habille & le pain qui les nourrit.

Mes réſultats ſur les mortalités paroîtront cependant bien plus certains, en obſervant que tout malheureux eſt exclus du catalogue des prières centenaires, qui eſt le fondement de mon travail; en effet les journaliers, les laboureurs de terre & ces hommes ſi dignes de pitié, qui pour un ſi léger ſalaire eſcaladent nos montagnes & portent des fardeaux & du fumier pour aller fertiliſer quatre toiſes de terre végétale, iſolée ſur un pic, ſont plus ſujets à des maladies violentes qui entrent moins dans l'ordre commun & naturel des maladies. Le catalogue centenaire, dont il eſt queſtion, ne préſente donc que la date de la mort des Citoyens d'une ville, plus aiſés & tranquilles, qui, ſans libertinage, comme ſans de trop grandes paſſions, mènent en France le genre & le régime de vie le plus commun & le plus géné-

tal. Tel eſt le réſultat de la compa-
raiſon des décès dans les différentes
ſaiſons de l'année.

RÉSULTAT GÉNÉRAL DU CATALOGUE DES
MORTS ET LIVRE DES PRIÈRES CENTE-
NAIRES DE LA PAROISSE DE NOTRE-DAME
DE POMMIERS DE L'ARGENTIÈRE, SUR LES
SAISONS PLUS OU MOINS FAVORABLES A LA
VIE.

1°. Il réſulte du catalogue centenaire,
que le mois d'Août eſt celui de l'année
dans lequel il eſt mort le plus grand
nombre de perſonnes; nobles, ou aiſées;

2°. Que, dans les mois de Novembre
& de Juin, il en eſt mort un plus petit
nombre;

3°. Que la différence du plus au
moins, eſt comme de 244 à 162;

4°. Que, dans les mois de Mars,
Avril & Mai qui renferment l'équinoxe
du printemps, & dans les mois d'Août,
de Septembre & d'Octobre qui renferment l'équinoxe d'automne, il eſt mort
beaucoup plus de monde que dans les
autres ſix mois de l'année : la différence

D 4

du plus au moins, eſt comme de 295 à 126.

5°. Le plus grand nombre des morts dans les temps voiſins de l'équinoxe d'automne, eſt différent du plus petit nombre des décédés dans l'équinoxe du printemps, du plus au moins, comme 676 à 619.

6°. La différence du nombre des morts dans les ſix premiers mois de l'année, du nombre des ſix derniers eſt du moins au plus, comme 189 à 233.

7°. A l'Argentière, l'été eſt la ſaiſon la moins mortelle, enſuite l'automne, puis l'hiver & enſuite le printemps, la progreſſion du moins au plus, eſt dans cet ordre, 582 (*été*), 594 (*automne*). 619 (*hiver*), & 626 (*printemps*).

80. Quoique le mois d'Août ſoit le plus ſujet aux mortalités de l'année, cependant étant précédé de Juin & Juillet, qui le font moins que les au-tres, cette ſaiſon eſt la moins mortelle de toutes, car la mortalité de Juin &

Juillet est à celle d'Août tout seul, comme 338 est à 244.

J'observe que j'ai fait ces relevés avant les années dans lesquelles M. le Curé a admis dans le catalogue indistinctement les pauvres & les riches; & afin qu'on puisse comparer toutes ces différences, je joins ici l'état du relevé des proportions pour les cent ans.

Janvier,	208.	Juillet,	177.
Février,	194.	Août,	244.
Mars,	211.	Septembre,	208.
Avril,	214.	Octobre,	224.
Mai,	201.	Novembre,	162.
Juin,	161.	Décembre,	217.

Le mois d'Août est sujet à une plus grande mortalité, à cause sans doute de la chaleur concentrée dans le bas-fond de Vallée où est comme ensevelie la Ville de l'Argentière; ses montagnes environnantes, déjà échauffées dans les mois de Juin & Juillet, réfléchissent cette chaleur *profonde* & *couvée*, comme on le dit, sur les toits, & forment d'ailleurs, par la réflection, une espèce de miroir concave. On éprouve cette sensation particulière quand, en été, on descend à l'Argentière le soir, soit de Montréal, de Chassiers ou de Tauriers, il semble qu'on entre dans une autre température; & par surcroît d'inconvénient les eaux basses de la rivière ne peuvent plus rafraîchir l'air : je conseillerois dans ce mois l'usage des bains plutôt que dans les autres mois de l'année & le séjour à la campagne. J'ai observé que toutes les maladies occasionnées par la débilité & la foiblesse nerveuse augmentent dans ce mois-là, & je connois une famille dont les aïeux sont morts presque tous à cette époque, & dont les descendants, héritiers d'un mauvais tempérament & analogue, souffrent davantage durant ce mois-là.

L'air est cependant si salutaire dans la Ville de l'Argentière, qu'on n'a point vu dans le cours de dix années de maladies épidémiques bien caractérisées.

CHAPITRE V.

Problême de Géographie médicale. Heu-
reuse situation du Couvent des Reli-
gieuses de l'Argentière; mortalités plus
fréquentes dans ce Couvent que dans
les autres : la cause est reconnue. Re-
mèdes. Genres de maladies particu-
lières à ceux qui font usage d'une eau
de source ou de puits, voisine des ci-
metières. Etat & description du nou-
veau cimetière de l'Argentière, son
élévation au-dessus de la fontaine pu-
blique, son éloignement en sens hori-
zontal; il est formé de sablon quart-
zeux : il alimente visiblement les sour-
ces du levant & la Fontète, parallèles
& pluviales. Homogénéité des eaux ;
réservoir commun.

ON a vu, par les Observations précédentes, que les Religieuses de l'Argentière jouissent de la plus belle ex-
position, & de celle qui est la plus fa-

vorable à la fanté ; élevées fur le refte
de la Ville , environnées de jardins ,
ayant dans le même quartier, appellé
la France, ou auprès de la Paroiffe ,
des octogénaires , plufieurs nonagénaires
& bientôt des centenaires, qu'on ne
trouve pas fi communément dans d'autres quartiers. Avec tous ces avantages
& ces préfomptions, ce Couvent avoit
la renommée de renfermer plufieurs
Saintes reclufes, prefque toujours va-
létudinaires , & mourant avant le temps,
& plus communément dans ce Couvent
que dans les autres.

On attribua cet état maladif & ces
vies trop courtes à leur Monaftère étroit
& peu commode , on donna donc un
plus grand efpace aux Religieufes , de
grands réfectoires & des dortoirs bien
aérés.

Ce n'eft pas à la forme du logement
qu'il falloit attribuer ce vice, mais à
l'eau infecte d'un puits dont on fait ufage en été, à caufe de fa grande fraîcheur & limpidité. C'eft de Madame
de Tavernol, Supérieure actuelle, que

j'ai appris qu'on s'en servoit assez volontiers pendant les fortes chaleurs, &
voici quelle est cette eau.

Il y a dans l'Argentière un cimetière
au couchant du puits, dont la terre
n'est qu'un aterrissement : elle reçoit
l'eau pluviale & celle du toît du Couvent ; elle la filtre & la laisse passer
sous la terre & en alimente le puits.
Cette terre filtrante qui touche le Couvent est élevée au-dessus du puits de trois
ou quatre toises. On appelle ce cimetière
des Pauvres, parce qu'il n'étoit pas
permis autrefois à un pauvre de toucher de près, même après sa mort, les
ossemens d'un riche, ni de pourrir à ses
côtés.

Au midi du puits, se trouve encore
le cimetière de la Ville, il avoisine
également le puits & il est élevé d'environ deux toises au-dessus.

Le troisième cimetière, également
voisin du puits, se trouve à l'orient :
c'est celui du Monastère ; or ce puits
grossit à toutes les nouvelles pluies.

On voit donc si l'eau pluviale, filtrant

à travers les amas d'infection, devoit préparer aux Religieuses une eau salubre.

C'est à l'usage de cette eau pendant les chaleurs, que j'attribue les maladies extraordinaires & du nombre des chirurgicales qui ont régné dans ce Monastère, & tant de morts prématurées, & la cause de ce qu'un trop petit nombre de Religieuses est parvenu à un âge ordinaire dans tous les Couvents. L'expérience apprendra dans la suite que l'usage d'une eau vive & salutaire conserve mieux la santé.

Cette eau de puits, ces trois cimetières nous conduisent, sans nous en aviser, à l'examen du cimetière de la Ville transféré à la campagne. (*Voyez le Plan de la Ville, où le cimetière est si visible, Tome VII, page 1*). Ce nouveau cimetière, élevé en terrasse, est environné de toutes nos fontaines publiques; il y a apparence qu'il n'infectera peut-être jamais les eaux de celle de *Razet*; mais il paroît que quand un certain nombre de cadavres aura dénaturé le terrein, il infectera pour toujours les eaux de celle appellée la *Fontète*, les plus douces, les plus légères & les plus salubres du voisinage, de l'aveu de toute la Ville.

Ce nouveau cimetière est situé en effet à sept ou huit toises seulement de distance horizontale de sa porte à cette fontaine, & ce qui est bien plus remarquable, c'est qu'il s'élève au-dessus du niveau de ses eaux en forme de terrasse de trois à quatre toises; en sorte que les eaux filtrées à travers les cadavres & reçues dans ces réservoirs inférieurs & souterrains qui les conservent, peuvent occasionner un jour aux Citoyens, comme les eaux du puits des Religieuses, des maladies extraordinaires & du genre des chirurgicales, ce qui dépeupleroit une Ville entière.

Or il est si vrai qu'au-dessous du cimetière il se trouve des amas d'eau souterraines, que, soit au nord, soit au levant, cette terrasse changée en cimetière, alimente plusieurs fontaines, elle entretient la *Fontète*, dont je parle vers le nord, & trois ou quatre petits filets d'eau ou fontaines semblables dans le jardin de M. Fayolle, au levant, & au-deſſous du cimetière; or ces fontaines au levant & au nord, ſont parallèles.

On pourra dire, il eſt vrai, qu'il faut encore bien du temps pour que les eaux ſoient ainſi infectées; mais je répondrai que dans le doute même de la choſe; ce ſeroit une grande barbarie d'attendre qu'on s'aviſe d'un pareil inconvénient : d'ailleurs il n'eſt pas certain qu'un amas de cadavres décompoſés ſoit néceſſaire, il ſuffit qu'une bonne averſe ait délayé un ſeul cadavre en état de putréfaction, & qu'un courant ou ſimple filet d'eau le porte dans le réſervoir ſouterrain, inférieur & commun aux ſources du nord & du levant de la Ville & de M. Fayolle.

Mais, dira-t-on encore, la Seine à Paris délaye, entraîne, diſſout tant d'immondices : je répondrai que la Seine eſt un fleuve dont la maſſe, pour ainſi dire,

dire, se porte d'elle même, dans tous les momens, dans un autre espace. Mais ici c'est une eau de source qui repose dans un lit sablonneux & quartzeux, après avoir filtré ; le filet d'eau en est peu considérable. Quand on en puise beaucoup, la fontaine diminue & n'augmente par filtration qu'à la longue. C'est une eau de pluie qui entretient les sources horizontales du nord & du levant, après avoir reposé dans la terre : & il est si vrai que la fontaine publique & celle de M. Fayolle viennent ensemble de dessous le cimetière, qu'après les grandes & longues pluies leurs eaux prennent la teinte grisâtre, que donne toujours l'atterrissement quartzeux : cet atterrissement supérieur du cimetière est horizontal, l'eau ne peut glisser, il fait l'éponge & filtre toute l'eau.

On pourroit dire encore que, quoique ce cimetière soit au - dessus des fontaines au levant, quoiqu'il soit avéré que leurs eaux viennent d'un souterrain situé précisément au-dessous, il ne suit pas que ce réservoir inférieur

alimente auffi la fontaine publique qui
peut venir d'un autre réfervoir, fitué
fous le pré dit *de Suchettone* : je répondrai que ce pré & ce cimetière font
une maffe quartzeufe qui fait un même
corps; que ce pré étant en pente, laiffe
gliffer l'eau plutôt que la terraffe horizontale changée en cimetière ; que
l'eau des fontaines eft par-tout analogue, leur niveau à-peu-près dans la
même ligne horizontale : elles fortent les
uns & les autres du même atterriffe-
ment, elles font auffi colorées de la
même teinte, après les averfes, aug-
mentant ou diminuant enfemble &
peu éloignées d'ailleurs. Je préfenterai
toujours le voifinage du cimetière &
fa fupériorité fur la fontaine publique
comme un obftacle qui auroit dû éloi-
gner ces deux objets, & le feul doute,
dans un objet femblable, devoit en
profcrire l'idée. d'ailleurs les vues du
Roi, toujours père de fon Peuple,
dans fes Edits fur l'éloignement des
cimetières, ont été de placer hors des
Villes & des Eglifes, des amas d'in-

fection & de pourriture, pour veiller à
la fanté de fes Sujets; & le but &
la fageffe du Légiflateur font éludés,
en établiffant un cimetière fur une terraffe formée d'atterriffemens, éloignée
de fept à huit toifes de fa porte à la
fource & élevée de trois ou quatre.

Un autre inconvénient réfulte encore
de la fituation même de ce cimetière.
Il eft au foyer de la vallée qui court
du midi au nord, & au fond de laquelle
eft bâtie la Ville; le vent du fud qui
s'approprie, comme on fait, tous les
miafmes de la terre, verfera fur la
Ville toutes les émanations cadavé-
reufes. Nous n'avons, on le fait, que
deux vents bien caractérifés, à caufe
de la forme du fol & de la direction
de notre vallée du midi au nord; l'un
de ces deux vents en fera fouvent infecté en été; nous ne connoiffions pas
les maladies épidémiques, & nous y
ferons fujets.

Les circonftances particulières &
d'occupations preffantes ont empêché
de bons Citoyens de s'oppofer à la fin-

gulière deſtination de cette terraſſe : ma conſcience & le devoir d'un bon Compatriote ne me permettent pas de laiſſer ignorer mes vues, & de préſenter, ſur cet objet, les faits ſuivants comme inaltérables.

1°. Le terrain du cimetière eſt un atterriſſement quartzeux ;

2°. Il eſt élevé de trois à quatre toiſes au-deſſus des fontaines qui l'environnent au nord & au levant ;

3°. La diſtance de la porte du cimetière à la fontaine, en ſens horizontal, n'eſt que de ſept à huit toiſes ;

4°. Les eaux pluviales ſont conſervées dans le ſein de cette terraſſe ;

5°. Cette terraſſe contient ſous elle des amas d'eaux pluviales, filtrées à travers le cimetière, qui alimentent les ſources du levant ;

6°. La proximité, l'homogénéité de toutes les ſources annoncent l'unité de baſſin pour toutes les ſources voiſines & parallèles.

Les cinq premiers faits ſont des obſervations faites à la rigueur ; le ſixième en eſt une juſte conſéquence.

Je ne puis me refuſer de publier
le ſentiment d'une perſonne très-éclairée
en médecine & célèbre en Europe par
ſes connoiſſances ; ne voulant point
haſarder mon ſentiment ſur une matière
ſemblable, je lui ai adreſſé l'état de
l'ancien cimetière, le nombre des morts,
l'acte par lequel les Citoyens de la Ville
décidèrent la tranſlation. Je reçois ce
témoignage pendant l'impreſſion des
feuilles, & je crois devoir le publier.

« Monſieur, j'ai réfléchi avec beaucoup d'attention ſur la terre d'atterriſſement, le ſol quartzeux du nouveau
cimetière de votre Ville de l'Argentière, ſur ſa diſtance horizontale &
verticale des eaux de diverſes ſources,
ſur les rapports de ces ſources, leur
qualités analogues & leur origine commune, quoique non contiguës entre
elles. J'ai fait attention également à la
poſition de cet atterriſſement au-deſſus
de la Ville, à ſon midi, & dans le
ſens de la vallée qui tranſmet à la Ville
le vent du ſud, & je penſe que vous

êtes fondé en qualité de bon Citoyen à
éclairer ceux de votre patrie du danger
de placer & fur leur Ville & fur leur
fontaine un amas d'infection. Vos obfervations fur l'ufage de l'eau d'un puits
déjà infecté font précieufes à la médecine, en ce qu'elles montrent l'influence des débris du corps humain
décompofé fur des maladies du genre
des chirurgicales; il faut préfumer qu'il
n'eft aucun de vos Concitoyens qui ait
connu cette dangereufe pofition d'un
cimetière fur des fontaines dont l'une
eft publique, & fur une terre quartzeufe
qui admet dans elle-même & perd par
filtration, & par les écoulemens environnans, l'eau pluviale qui tombe
dans fon fein : au lieu de faire quelque
difficulté de publier vos obfervations
fur cet objet, vous devez, le premier,
faire connoître la pofition refpective
& dangereufe de tous ces objets, la
préfenter dans tout fon jour, vous appuyer de l'avis des perfonnes & des
Compagnies que le Roi a établies pour
veiller aux objets d'utilité publique &

à ceux qui concernent la santé du Public.
Il s'agit de celle de vos Concitoyens, de
vos parens & de la vôtre. L'autorité
municipale n'eft point arbitraire; chaque
Citoyen a droit de repréfentation, &
celui de pourfuivre l'obftination ou
l'ignorance fur ces matières: la partie
la plus eclairée de la nation fait aujourd'hui ce qu'elle doit penfer d'un
jugement qui vient de faire abattre un
garde-tonnerre ».

« L'Académie de Montpellier vous a
répondu fur cet objet quand vous avez
affifté en perfonne à fa féance; c'eft
qu'elle a publié, dans le temps, un
Ouvrage fur cette matière. Celle de
Lyon a donné également un Ouvrage
femblable de feu l'Abbé de la Croix,
Grand-Vicaire de cette Ville; & quand
même la queftion ne feroit pas claire,
quand même il n'y auroit que du doute,
ce doute feul fuffiroit, pour que des
Officiers municipaux, obligés par charge
d'écouter l'avis des gens éclairés, de
le requérir, demander celui des Académies des Provinces, ne fe hafar-

E 4

daffent pas à une détermination d'où
dépend la fanté d'une Ville. L'incer-
titude fur le danger futur , la certi-
tude même de l'éloignement de ce
danger feroient des motifs barbares ,
dont j'aime à croire qu'aucun Citoyen
françois n'eft pas capable , car ce feroit
une chofe honteufe de dire : voyons fi
le temps nous fera connoître ce danger.
Il n'eft pas permis de fe jouer ainfi de
la fanté du peuple : votre Bailli n'a pas
fait un expofé exact dans la délibération de transférer le cimetière , &
par-là n'eft point affez autorifé à obtenir
les permiffions de tranflation, ou bien les
mefures que vous m'envoyez de l'ancien cimetière font fautives ; car nous
favons combien d'années font néceffaires pour la décompofition d'un cadavre
enterré en plein air , & connoiffant,
d'un autre côté, le nombre moyen des
fépultures de chaque année de votre
Ville , & l'étendue de votre cimetière ; il réfulte de la comparaifon du
nombre des morts à contenir, de l'efpace
contenant & du temps néceffaire à la

diſſolution que votre cimetière étoit
bien plus que ſuffiſant & qu'il n'a jamais
pu être infecté au point de pouvoir
nuire à l'atmoſphère : il faut penſer même que ce cimetière étoit dans un état
favorable à une prompte diſſolution.
Une terre neuve, comme le nouveau
cimetière, qui n'a diſſous que des végétaux, qui eſt quartzeuſe, n'a que l'eau
ou l'air pour diſſolvant ; il faut que
l'air & l'eau ſeuls détruiſent les cadavres dans votre nouveau cimetière :
& on ſait combien un ſol quartzeux les
conſerve. L'ancien cimetière au contraire paroît plus propre à cette opération phyſique ; c'eſt que ce terrain
renfermant des reſtes cadavéreux, contient le levain néceſſaire à la décom-
poſition, & on connoît le pouvoir des
levains préparatoires dans la fermen-
tation comme dans la putréfaction, ſoit
des corps organiſés, ſoit des végétaux.
Ce défaut d'exactitude dans l'expoſé
peut annuller les permiſſions légales ».

« Je penſe que votre Bailli & ſes
Conſeillers ne recevront pas volontiers

mes leçons de Phyſique, mais ils ne
ſont point Juges dans cette affaire, ni
comme Baillis, ni comme Conſeillers,
mais comme gens inſtruits: & dans la
déciſion de cette affaire le Bailli &
le Conſeiller jouiſſant de l'autorité, doit
le céder au Bailli ou Conſeiller, mieux
inſtruit & mieux informé; mais dans
les Provinces on a quelquefois un ſentiment contraire, un Conſul qui ne
tient ſon pouvoir que pour deux ou
trois ans, ſelon les Edits, prétend quelquefois à l'infaillibilité & ſe rend diffi-
cilement; & des procès ſérieux ont
rendu célèbre la conteſtation des
garde-tonnerres que nous devons à
l'immortel Francklin; mais vos Baillis
doivent ſavoir que s'il eſt permis à tout
écrivain de ſoumettre à ſon examen la
conſtitution d'une monarchie ou d'une
république pour raiſonner ſur les droits
de la ſociété, de l'homme, du monarque
& du ſujet: il eſt bien permis au citoyen
d'une petite ville de ſoumettre à ſon
jugement ſa conſtitution municipale,
& d'expoſer celui ſur-tout qui con-

cerne la santé ou l'utilité publique ».

« Enfin je conclus qu'un cimetière
élevé de deux ou trois toises d'une
fontaine publique, diftant de fa porte
à ladite fontaine de fept à huit, & de
fon centre, où eft fituée la croix, d'une
trentaine, doit être transféré dans un
lieu moins dangereux ; car je ne pourrois
croire, comme le dit votre Bailli, que
ce lieu foit le feul favorable ».

Je fuis, Monfieur, &c. Votre, &c.

Il eft vrai que le pays hériffé de
montagnes offre peu d'efpaces propres
à cet objet ; mais on pouvoit faire plufieurs cimetières ; placer ailleurs celui des
enfans, & celui des adultes plus loin ;
en le divifant ainfi, plufieurs lieux
pouvoient fervir à cet objet commo-
dément.

La délibération de tranflation a été
fignée par les Confuls, par MM. de la
Baume, de Saint-Pierre-Ville, de Bon-
nery, le Chevalier de Vinezac, Joffoin
de Valgorge, Rouchon, Juge, &c. &

M. de Brifon a paru même s'occuper
de cette tranflation, à caufe de l'intérêt qu'il prend à tout ce qui eft
utile à la Ville : comme je connois
le defir du bien public & même le
zèle de tous ces Seigneurs, il eft no-
toire qu'ils n'euffent jamais adopté la
tranflation dans ce lieu, mais la fontaine
inférieure eft cachée, elle eft dans un
creux profond, elle n'eft fréquentée
que par des domeftiques, elle eft fé-
parée de toute communication &
chemin; des ponts & murailles cachent
fes rapports avec le cimetière; ils n'ont
pu connoître en aucune manière ni ces
rapports, ni le voifinage du cimetière
avec la fontaine : leur intention fut, en
fe foumettant à l'Edit du Roi, de favorifer la tranflation d'un cimetière
comme une chofe falutaire; jamais ils
n'ont cru ni pu croire qu'on le plaçoit
au-deffus & à côté de la plus falubre de
nos fontaines.

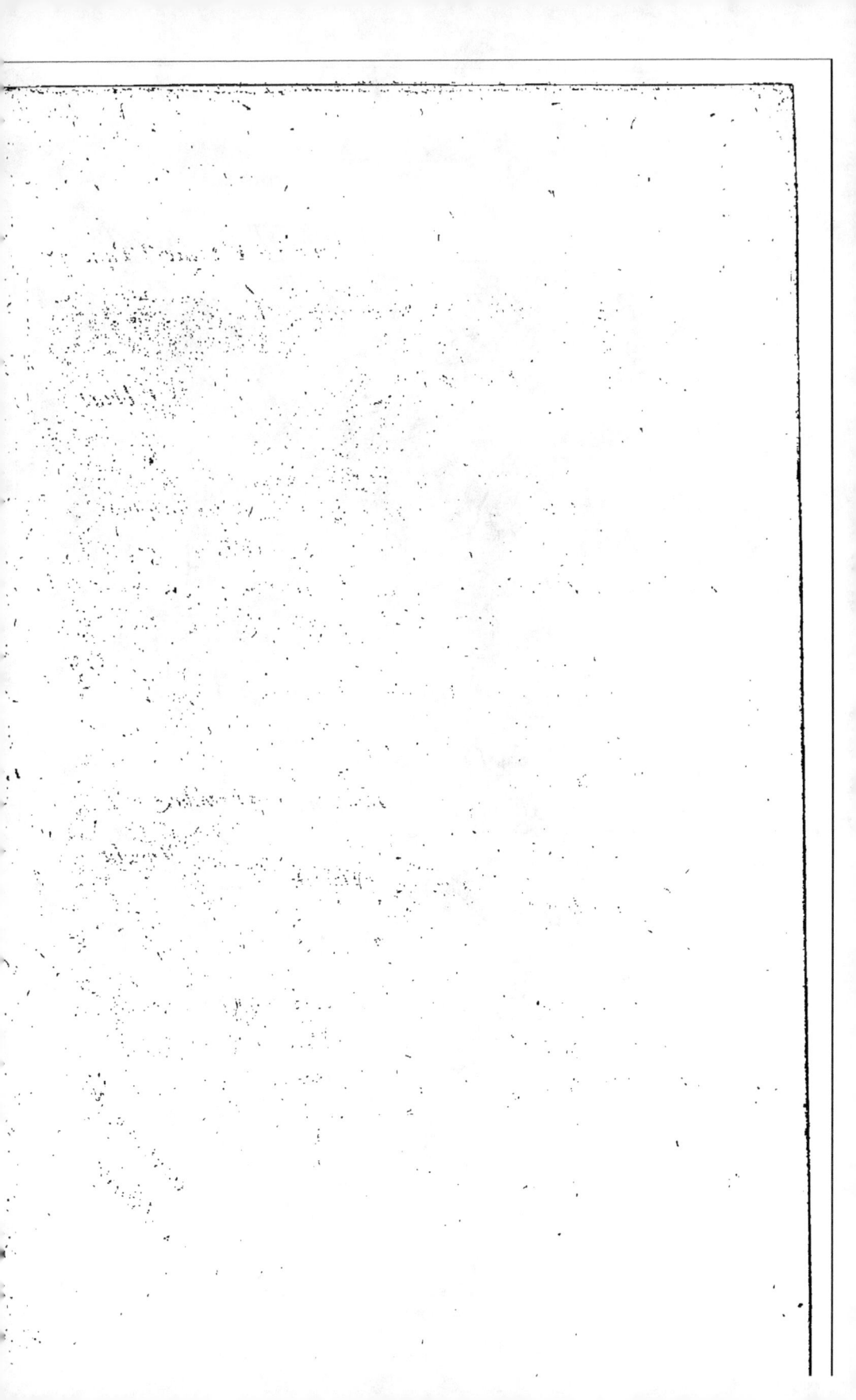

Chaîne granitique superieure

Chaîne granitique superieure

Prunet

Fabras

Chaîne descendante granitique

Perte

Grand Tane

Chazeaux

Chaîne descendante schisteuse et granitique

BANLIEUE
de la Ville
de Largentiere

la Roche

Chalabreges

Lutta

Chaîne de Grés

Gaulens

Tauriers

Boudelle

Chaudebri

Roubreau R.

Aubesson

Chasseur

Merveil

Largentiere

Faugous

Plantade

Hale

Alas du Brosset

le Baile

la Colombier

Chaîne Calcaire

Anerat

Montreal

Fin de la
Chaîne de Grés

Chaîne Calcaire

Laurac

Chademou

Uzer

Chartreuse

le Prat

Plaines des Hauteurs des Gras Calcaires

Mine d'Argent

CHAPITRE VI.

Description topographique de la banlieue de l'Argentière ; montagnes voisines, leur description topographique ; chaînes de montagnes granitiques vers Prunet & le grand Tanargues ; chaînes inférieures qui en descendent vers le midi. Perte des chaînes aux confluens des rivières de Roubreux, de la Ligne & de Lende. Distribution des trois sortes de terrains qui ont servi à la fabrique de ces montagnes : sol calcaire, sol de grès, sol de schiste, sol de granit. Quel étoit le pays appellé dans les chartes pays d'Argentière. *Vue de tous ces terreins, en profondeur, selon la coupe des montagnes creusées par la Ligne, les roches calcaires & les grès ; mélanges des couches vers leurs approches : leur inclinaison ; elles s'appuient sur les granits : que les granits du Tanargues sont au-dessus & au-*

deffous des matières fecondaires. Explication de ces termes.

JE vais confidérer, dans la defcription des montagnes des environs de l'Argentière, trois fortes de terrains principaux, formés, les uns fur les autres, par couches & fédimens : leurs différentes fuperpofitions comparées atteftent que dans cette partie du Vivarais la nature a formé la matière de nos montagnes dans trois temps différens.

La rivière de la Ligne, qui a coupé prefque perpendiculairement toutes ces couches, & qui a formé une profonde vallée creufée dans le vif des roches, nous permet d'étudier ces différentes fuperpofitions, depuis les couches du gras jufqu'aux fources des rivières. C'eft donc en parcourant ces excavations que nous fuivrons les opérations de la nature, commençant par le pàys inférieur, & montant vers la fource des rivières.

La Planche feconde de ce Volume, page.... eft la Carte de la Banlieue de l'Argentière, dans laquelle on peut voir la forme exacte du pays, la direction & l'excavation des vallées, & les plateaux supérieurs des montagnes & des chaînes que l'Artiste a laissés en blanc.

Deux rivières principales, savoir, la Lende & la Ligne, se réunissent sous Uzer, & pénètrent en s'avançant vers le pays-bas, dans les pays calcaires.

Cette Carte vous présente d'abord une chaîne de montagnes hautes & supérieures, qui donnent les sources des rivières; & de cette chaîne supérieure partent des chaînes latérales qui courent du nord au midi, une entre Joanas & Chalabrège, qui vient finir par la jonction du Breux, & de la Ligne sous Montréal; l'autre chaîne descendante des hauteurs du Tanargues, vers Prunet, passe au-dessus du château de Rocher & au-dessous de Chassiers, & de Fanjaux, ayant à sa droite la Ligne, à sa gauche le ruisseau de Sainte-Foi, & se perd au-dessous du fief du Colombier; mais une autre petite chaîne latérale

descend enrre Chassiers, Bouteille &
la rivière de Lende, descend par Malet,
vers les Aupilières, & se termine à la
jonction de la Lende à la Ligne près
d'Uzer. Enfin, une autre chaîne descendante des hauteurs, & du nord passe
à Ailhon, à Merzelet, à Vinezac, &
vient se perdre au-dessus d'Uzer.

Toutes ces chaînes sont vers le nord
très-hautes, très-rapides & escarpées,
mais elles finissent toutes par de petites
collines qui semblent se perdre dans la
terre; mais le pays des Gras s'élève au-
dessus de ces collines inférieures, &
forme une espèce de plateau supérieur.
Telle est la forme du sol & sa pente dans
les environs de l'Argentière: il reste
à montrer la disposition géographique
& respective des minéraux dans cette
contrée.

Inférieurement, le plateau qui est à
côté d'Uzer, les territoires de Vinezac,
& ceux de Laurac sont calcaires, avec
beaucoup de coquilles pétrifiées; c'est le
pays de chaux qui en fournit à la haute
montagne,

montagne qui n'a que du grès ou du granit.

Mais à Montréal, Fanjaux, l'Argentière, Malet, Merzelet, le terroir devient fablonneux & la roche d'un grès plus ou moins fin, & ce grès en couches eft mélangé quelquefois avec des couches calcaires.

Le pays fchifteux ou mélangé avec des couches de grès vient après, il paroît fous Prunet & fous Chazaux; mais les granits dominent dans la maffe fupérieure qui fait corps avec le grand Tanargues.

Les pays calcaires, fablonneux, fchifteux & granitiques fe fuccèdent donc dans ce territoire.

Enfin le *pays d'Argentière*, ainfi défigné dans les vieilles chartes, eft entre le calcaire & le fchifteux, dans le pays de grès, & comprend prefque tout le territoire de l'Argentière, de Chaffiers & de Tauriers. Ses limites font telles : il ne paffe pas au-delà de Coulens, ni du domaine de Lende, ni la Cayrié de Vinezac, ni Malet, ni le

Colombier, ni Montréal, Sanilhac, &
renferme toute la Paroisse de Tauriers.

Explication de la planche 3 intitulée,
coupe des montagnes de l'Argentière,
page 96 de ce septième Volume.

Nous avons vu la disposition topographique de ces différens terrains,
comme les oiseaux la voient, ou comme
on la voit dans des Cartes ; il reste à les
montrer selon leurs rapports réciproque,
& à réunir la Carte géographique, qui
offre les surfaces, fig. 2, à la Carte de la
coupe du terrain, fig. 1, qui offre la profondeur. A A sont des couches calcaires, dites *de Gras*, elles viennent se
joindre, se mêlanger avec les couches
B B. de grès, elles s'identifient pour
ainsi dire entr'elles, cependant les
roches calcaires sont posées par-dessus,
quand elles sont très-pures comme
celles de dessous Malet, & la roche
calcaire est toujours censée formée la
dernière, car sa masse est *contenue,*
tandis que la première est *contenante.*

Les roches de grès, de fchiftes, de poudingue CC fuccèdent au-deffus de l'Argentière & fous Tauriers; elles ne font plus calcaires, mais quartzéufes; elles font inclinées dans le même fens que les montagnes granitiques fupérieures D D & appuyées obliquement ou établies fur le granit qui eft la bafe de tout, & en même temps le pic & lieu le plus élevé.

Dire que ces montagnes granitiques font ici, & la bafe, & le pic le plus élevé de toutes nos montagnes, c'eft affurer, en apparence, une contradiction, c'eft trouver l'affirmative & la négative fur le même objet: mais j'explique cette apparence de contrariété pour les curieux de la nature qui, mon livre à la main, defirent de parcourir les lieux obfervés & de s'inftruire fur l'organifation de nos montagnes.

1°. Les montagnes granitiques doivent être dites EXISTER SOUS les montagnes fecondaires en couches, en ce qu'elles font effectivement l'appui de

F 2

ces couches établies sur le vif de la vieille roche, soit qu'elles les couvrent, soit qu'elles soient appuyées seulement.

2°. Les montagnes granitiques doivent être dites exister AU-DESSUS des montagnes calcaires, parce qu'elles s'élèvent réellement *au-deſſus d'elles*, en sens horizontal, comme je le montre par le grand Tanargues, dont la maſſe comparativement priſe peut paſſer pour exiſter *au-deſſus* & *au-deſſous* des montagnes ſecondaires : c'eſt ainſi que je l'ai entendu ſur les Alpes, les Pyrénées, &c. quand, dans le Tome VI, page 146, j'ai parlé des époques comparées du granit & de la matière calcaire.

J'ai dit effectivement que les couches horizontales calcaires, DÉPOSÉES SUR LES hauteurs de l'Olympe, des Monts Crapacks, des Cevènes, des Alpes, des Apennins annoncent cette ſucceſſion, comme je le répète aujourd'hui en fourniſſant les preuves & les coupes des montagnes : mais c'eſt de l'art du Sophiſte d'abuſer des mots en apparence contradictoires pour détruire des observations ; & d'opposer deux faits également contradictoires en apparence pour les détruire l'un par l'autre, comme l'a fait à merveille un Critique de mauvaise foi; quand on a l'esprit juste & bien tourné, ou même quand avec des connoissances bornées on a le cœur droit, on ne se permet pas ces espèces de sophismes qui déshonorent un écrivain quelconque, celui sur-tout qui essaie le métier de critique : ainsi les couches calcaires des Alpes, des Apennins, des Monts Crapacks, non seulement sont déposées au-dessus des granits, mais encore au-dessous; & près de l'Argentière, non seulement les granits sont *au-dessus*, mais ils sont *au-dessous*. Dans la suite je me servirai indistinctement des deux expressions qu'un esprit le moins profond ne sera point dans le cas de confondre.

CHAPITRE VII.

Observations minéralogiques & physiques faites dans la coupe perpendiculaire de tous les terrains précédens. Vue des couches des Gras coupées à pic par les eaux des rivières d'Ardèche, de Lende, de Joyeuse ; extension des couches, cubes & prismes des couches : approches du sol quartzeux ou de grès sous Montréal & l'Argentière ; des bancs de grès ; cubes & prismes de grès. Caractères des mines de plomb où l'argent est contenu ; couches de grès qui contiennent la mine. Vue de l'Argentière, aspect du côteau des Chaunes. Végétation. Couches inclinées au-dessous du château. Approches du sol granitique. Granit au Moulinet ; superposition de toutes les roches de grès ; granit à Rocher & au grand Tanargues.

L es pays appellés *les Gras* sont un terrain élevé, une grande plaine en montagne, composée de couches toutes horizontales, posées les unes sur les autres, depuis deux à trois lignes d'épaisseur jusqu'à trois à quatre pieds ; elles vont toutes se perdre dans le Coiron, dans la masse duquel elles s'insèrent.

Une remarque singulière à faire sur ces couches, c'est qu'elles courent horizontalement sans discontinuer l'espace de plusieurs lieues ; j'en ai suivi deux qui étoient parallèles, depuis les environs de Rosières jusqu'à Uzer, en parcourant le pied de cette chaîne tout le long du chemin.

Chaque couche est coupée verticalement, en sorte qu'elle est formée de masses souvent cubiques, étroitement jointes.

Les hauteurs de ces plateaux sont toutes escarpées; toutes les couches sont sillonnées, brisées, soulevées; ou bien elles s'élèvent en cubes en l'air ; quelquefois soutenues par des bases moins massives, en sorte que dans plusieurs endroits on croit voir les ruines d'un

immenfe palais dont il ne refte que
les piédeftaux des colonnades.

Toutes les couches de cette chaîne
ont été fingulièrement coupées à pic par
les rivières de Joyeufe, de Lende,
d'Ardèche, de Chomerac, de Coux,
&c. dans quelques-unes la coupure eſt ſi
perpendiculaire, comme dans celle de
Joyeufe, qu'on a été obligé, pour
faire paſſer le chemin, de profiter d'un
petit avancement d'une couche horizontale faillante; ſi vous donnez un
coup de pied à une pierre détachée,
elle eſt précipitée, dans certains défi-
lés, juſqu'à cent toifes de profondeur.

L'ordre végétal eſt différent, fur ces
hauteurs, de celui qui règne dans la
plaine d'atterriſſement inférieure; les
plantes laiteuſes & odoriférantes s'y
trouvent de tous côtés; le lait y eſt
délicieux, le miel balſamique, le gi-
bier abondant & d'un goût particulier
à ce terrain, les fruits plus maigres,
mais plus fucculens, le vin plus capi-
teux & la végétation plus accélérée.

Les couches calcaires continuent

tout le long du grand-chemin, mais elles finiſſent à côté d'un petit ruiſſeau qu'on trouve à droite avant d'arriver au pont de Montréal.

Mais ici de grandes couches de grès horizontales coupées à pic par la rivière, paroiſſent à découvert. Elles ont deſſous & deſſus d'autres couches d'un grès calcaire où les dépôts font bien plus minces; c'eſt dans les couches d'un grès très-menu & fin qu'on trouvoit les mines d'argent, car nous ſommes déjà entrés dans *le pays d'Argentière*, qui ne pénètre pas dans le ſol calcaire. De tous côtés, on voit dans ces couches des corridors horizontaux qui nous rappellent, & l'ancienne extraction du minerais, & les fameuſes querelles.

Les tours bâties de tous côtés, ſur toutes ces hauteurs, vous rappellent encore le grand nombre de propriétaires des mines, jaloux les uns des autres, & toujours prêts à guerroyer. Montréal eſt hériſſé de tours, & la vallée inférieure eſt toute criblée d'excavations de mines dans les couches de grès. Sur les hauteurs du Bederet, nous voyons les mâfures de Fanjaux. A Chaffiers des tours, & des tours vous annoncent les Cofeigneurs & les propriétaires. A Tauriers & à l'Argentière, au-deffus & au-deffous des mines & à côté, tout vous rappelle l'ancienne défiance & les querelles pour les mines du *pays d'Argentière.*

Mais des objets furprennent bien plus agréablement le Voyageur qui entre dans la vallée de l'Argentière, fous Montréal : après avoir paffé le pont, deux immenfes montagnes s'élèvent prefque à perte de vue, & vous paffez entre deux, fuivant le long du ruiffeau. A gauche, le fol eft aride & fablonneux, mais très-rapide ; à droite, une petite forêt de chênes s'élève jufqu'au fommet, & on découvre la côte des Chaunes. Imaginez - vous une haute montagne bâtie depuis fon fondement jufqu'au fommet, pour retenir la terre qui gliffercit à chaque pluie, fi on l'abandonnoit à fon poids, à caufe de la

grande inclinaison du sol. Mille petites
murailles en pierres, mais sans chaux,
soutiennent autant de terrasses qui n'ont
pas quelquefois cinq pieds de largeur; &
toutes ces terrasses sont élevées sur d'autres pour établir sur chacune un olivier,
ou un cep de vigne. Une averse, qui
surcharge la terrasse du nouveau poids
de l'eau imbibée, renverse souvent ces
soutiens de la terre; souvent la terrasse
inférieure est entraînée par la chûte de
la précédente; & ainsi de suite, quelquefois jusqu'à la troisième & à la quatrième & le pauvre malheureux Peuple
destiné à les relever, appelle ce désastre
passadon sur *passadon*. Accoutumés à
cet inconvénient, nos Agriculteurs relè-
vent encore, toujours avec une nouvelle
patience vraiment admirable, leurs petites murailles, & conservent à nos montagnes les plus escarpées cette fraîcheur,
cette vie qui fait l'admiration des étrangers. Il est prouvé que dans nos montagnes, ainsi escarpées, le produit des
terres coûte la moitié plus de travail
que dans les pays de plaine; mais nos

Cultivateurs ont une patience à toute épreuve, de bons bras & du courage; ils fertilisent ainsi nos régions arides, & passent encore la plupart dans des régions plus florissantes, en Languedoc & dans le Comtat, pour aider un Peuple plus efféminé, qui craint la sueur des moissons.

Le charmant côteau des Chaunes se prolonge jusqu'à l'Argentière, c'est une forêt d'oliviers mariés avec des vignes qui donne une double récolte; c'est que le terrain étant très-incliné, le soleil darde ses rayons sur l'arbre & sur le tronc, & les espaces entre les troncs ne sont point ombragés. Des fruits délicieux acquièrent, dans ce magnifique & immense espalier, une parfaite maturité & un goût exquis. A gauche, au contraire, vous voyez le côteau de Coupe plus aride qui par le contraste, relève la beauté du *vis-à-vis*: enfin vous apperçevez comme d'un trou la ville : vous la voyez environnée de tours, de bastions & de donjons; vous croyez voir un jeu de la nature ou de l'art, car on ne peut se

perſuader qu'on ait voulu fortifier une
ſi petite ville dominée par de hautes
montagnes environnantes.

Le cours de la rivière vous y conduit en vous offrant à droite & à gauche des coupes perpendiculaires qu'elle
a faites dans les roches de grès, dont
quelques-unes ſont un peu calcaires,
& où l'on trouvoit autrefois les fameuſes mines; l'argent n'eſt pas pur,
mais ſeulement mêlangé avec le plomb,
en petite quantité : aujourd'hui l'extraction ne paieroit peut-être pas la
moitié des travaux ; c'eſt que le ré-
flux de l'argent en Europe en a diminué la valeur ; autrefois une petite
quantité d'argent repréſentoit beaucoup
de choſes, & les ouvriers étoient
employés à petits frais.

La gangue de ce plomb, ou ga-
lène, eſt ſans cryſtalliſation, le grès
qui le renferme eſt brut, on ne trouve
pas la mine en filons, mais par nodo-
ſités répandues rarement dans la maſſe;
la manière dont on faiſoit les fouilles
& les roches qu'on attaquoit annon-

cent la profonde ignorance des ouvriers ; on voit vis-à-vis de la ville de l'Argentière, fur le chemin neuf, & dans
une roche calcaire, un corridor dont
le toît & le fol font deux couches
calcaires parallèles ; n'ayant rien trouvé, l'efpace de dix à douze toifes, les
mineurs attaquèrent la montagne en
fens perpendiculaire, & creusèrent un
puits en bas & un tuyau de cheminée
en haut, qu'on trouve à la profondeur
horizontale de ces dix ou douze toifes
de corridor.

Ces grès des environs de l'Argentière, ceux qui forment la voûte des
Baumes au-deffus de l'Argentière, dont
j'ai donné la defcription, Tome Ier,
page 486, contiennent quelquefois de
gros cailloux roulés de quartz, & de
feld-fpath : ce qui permet de les appeller des granits fecondaires ; mais j'ai
obfervé ailleurs qu'on ne pouvoit les
prendre pour de vrais granits primitifs & intactes, parce que les cryftaux
n'y font point cryftallifés.

Ces grès difpofés en longues couches horizontales, & divifés entr'eux par des féparations & des retraits, font remarquables en ce qu'ils ont éprouvé encore des retraits perpendiculaires. La réunion de ces fentes perpendiculaires avec les horizontales, forme dans chaque couche des cubes divers, dont la largeur eft prefque toujours en raifon de l'épaiffeur de la couche. Ainfi les roches de grès, celles calcaires, les couches de plâtre de Montmartre ont la propriété dans leur defsèchement aqueux de fe former ainfi en couches tranchées verticalement, & la voie aqueufe produit le même effet que la voie ignée dans les couches de lave.

Au-deffous du château toutes les roches font coupées à pic, & il eft permis de confidérer aifément l'organifation de ces roches.

On trouve d'abord une couche micacée argilleufe & rouge; au-deffus une couche de grès à gros grains : cette roche fchifteufe eft fouvent entremêlée de petites couches de grès, elle eft

peu compacte, quand elle ne contient
pas un noyau de quartz ou de feld-fpath :
& c'eft à la décompofition de cette
roche tendre & argilleufe qu'on doit
la teinte rouge des eaux de la Ligne
& de la Lende après les grandes averfes.

On voit donc ici vifiblement une
décompofition de montagnes granitiques fupérieures. Le feld-fpath, le
quartz laiteux ou gris, qui ont réfifté
davantage à l'action deftructive quelconque s'y trouvent en noyaux mê-
langés avec une argille micacée rouge
autre fubftance altérée provenue du
granit.

Cette vérité eft évidente au moulin
neuf, où la roche argilleufe rouge fe
change en poudingue, compofé de
noyaux de fchifte, de granit, de quartz
& de feld-fpath. On voit plus vifiblement encore dans cette couche des
débris des montagnes fupérieures granitiques de Prunet & du grand Tahar-
gues.

Toutes les couches diverfes de grès,
de pierre argilleufe, de poudingue,
&c.

Coupe des Montagnes Granitiques, de Grès, et Calcaires des Environs de Largentière.

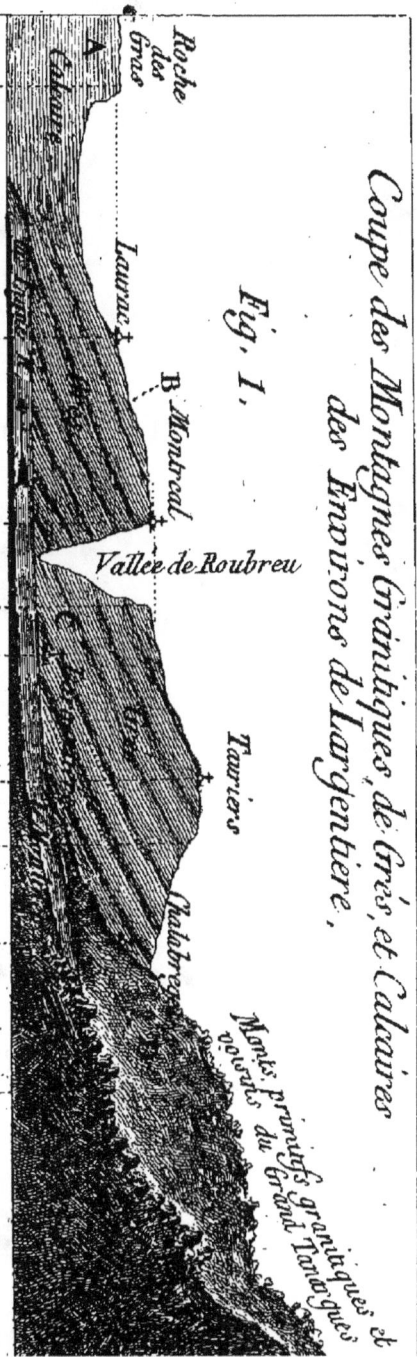

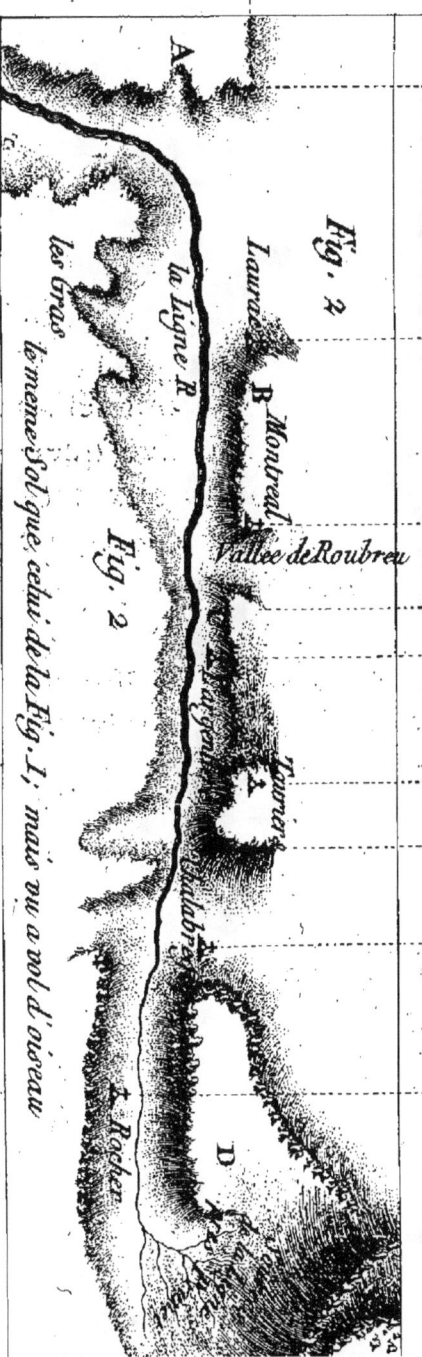

Fig. 1.

Roche des Grès

Calcaire

A

Lauriu

B. Montral

Vallée de Roubreu

Tauriers

Calabre

Monts primitifs granitiques et
voisins du Cordail Taxeïgues

Fig. 2.

A

Lauriu

B. Montral

Vallée de Roubreu

Tauriers

la Ligne R.

les Grès

le même Sol que celui de la Fig. I; mais vu a vol d'oiseau

Rocher

D

Fig. 2

&c. font inclinées du midi au nord, & forment toute la montagne occiden- tale depuis la rivière jufqu'à Tauriers & la chaîne occidentale de Rocher juf- qu'à la vallée de Chazaux, & cette di- rection eft la même, en continuant l'ob- fervation &, en s'approchant du pays de granit.

En s'avançant, on trouve fous la tour, & fous les roches rouges, des grès à gros grains, enfuite du poudingue dont le *contenant* ou gluten eft de grès, & le *contenu* du quartz, du granit, du fchifte, des ferpentines & des cailloux roulés de bafalte très-rares.

La roche de granit approche. Des filons fulphureux & fpathiques fe di- rigent & vous conduifent vers elle. Vous arrivez au Moulinet & vous trou- vez la vieille pierre dont les débris des maffes fupérieures du côté du Ta- nargues ont contribué à la formation de toutes ces couches. Ici nous ne fommes plus dans le *pays d'Argentière*, mais dans celui des Ranchiffes. Le granit, fi vifible au goufre d'eau, ne porte que fur lui-même, & il eft le fondement d'une grande couche de grès inclinée comme le granit.

Le granit lui-même eft ici en couches inclinées mais peu diftinctes; il eft formé d'un feld-fpath, de quartz & de peu de mica.

Tel eft l'ordre, la fucceffion des couches depuis celles horizontales & calcaires de la plaine de Laurac juf-qu'au pays granitique du Moulinet, au-deffus de l'Argentière & dans la vallée de la Ligne. Cette inclinaifon eft très - bien exprimée dans la Carte de M. Aldring, ci-deffus expliquée, page 96 & comme la rivière de la Ligne a coupé toutes les couches pref-que en fens perpendiculaire, il a été très-aifé de les obferver du fond de la rivière.

En montant vers le chemin de Rocher on trouve fur la hauteur des roches granitiques & fur les *Ranchiffes*, un granit décompofé : il eft pulvéru-lent; mais les quartz font mieux con-fervés. On trouve plus loin, toujours à droite du grand chemin, des filons de fchifte entr'une roche de granit : au point du contact le granit eft moins folide & compacte. Après les *Ranchiffes* le fol devient encore fchifteux.

Vers le château de Rocher le granit eft auffi fort peu compacte, mais les feuilles de mica y font quelquefois d'une grande étendue & fe délitent aifément ; enfin au-deffus de la chaîne de Rocher, & fuivant la direction de ces montagnes vers Prunet & le Tanargues, on trouve le grand plateau, la grande maffe granitique primitive qui a donné les déblais de cette fuite de couches inférieures.

CHAPITRE VIII.

Voyage de l'Argentière à Chazaux ; confirmation des observations précédentes ; parallélisme des couches inclinées, leur appui sur le granit; filon de granit dans le schiste ; explication de ce fait ; vue du granit supérieur des montagnes.

TOUTES les couches que nous avons observées depuis la plaine de Montréal jusqu'au château de Rocher, se trouvent exactement dans le même ordre & avec la même inclinaison dans la vallée parallèle voisine ; qui vous conduit à Chazaux, & qui est représentée dans la Carte de la banlieue de l'Argentière, ci-dessus, page 77.

Vous trouvez en passant dans la vallée de Lende, également creusée, comme la précédente, par la rivière, les grandes masses de grès en forme de cou

ches, & en montant vers la fource de
la rivière vous trouvez à Chaudebri &
au-deffus, les mêmes couches inclinées de
grès & de pierre argilleufe rouge, les
couches de poudingue formé de fablon
quartzeux, de noyaux de feld-fpath &
de quartz & de détriment de granits:
tout cela eft confondu enfemble.

En vous élevant avec la vallée vous
voyez fuccèder le fchifte & le granit;
vous trouvez un granit, un véritable granit en filon dans ce fchifte, queles
Naturaliftes connoiffent fous le nom de
fchifte des hautes montagnes primitives,
qui femble renverfer toutes les idées
reçues fur les granits; mais voici quelle
explication je donne à ce filon.

D'abord quoique le granit ait été
formé avant les roches fchifteufes, il
faut que les roches fchifteufes de ce
canton-là aient exifté en place avant
que ce granit en filon foit venu fe loger
dans les interftices; or comment celui-
ci eft-il venu s'y loger, fi tout granit
eft formé avant toute autre matière?

A cette objection que je dois me

faire, je crois pouvoir répondre que ce granit est composé d'un feld-spath couleur de rose, de quartz & de très-grosses aiguilles de choerl bien crystallisé : or il faut croire que les matières détachées de la roche granitique voisine, sont tombées dans un vuide ou filon de la roche schisteuse ; que toutes ces substances ont été ressoudées de nouveau par un ciment analogue ; que cette opération s'est faite dans le filon schisteux ; & comme le schiste lui-même, dans cette montagne, est bien consolidé dans ses parties, comme ses filons sont tapissés de matières crystallisées, le schiste a pu fournir lui-même le ciment quartzeux nécessaire à lier, remplir, consolider & pétrifier cette substance inférée.

C'est par un semblable raisonnement qu'il faut expliquer toutes ces masses granitiques & en filons, qu'on trouve dans des roches de date plus récente : toutes les fois qu'un amas de pierres détruites trouve un fluide analogue, là il y a pétrification : quand il n'est plus analogue, on ne voit que des matières mouvantes & des atterriffemens. Je fuis perfuadé qu'une fuite d'obfervations fera de cette conclufion un vrai principe de Minéralogie.

En fuivant toujours la même file de montagnes on trouve les vrais granits, intactes, primitifs, femblables à celui du Moulinet; ils font au-deffous de Chazaux; mais au-deffus de Chazaux on trouve devant le château même une butte de grès très-fin à couches fuperpofées; & le granit, fupérieur à tout, fe trouve fur la haute chaîne expliquée dans le Chapitre VII ci-deffus, & gravée dans la Carte 2ᵉ. page 77 de ce volume & dans la 3ᵉ. page 96.

Il réfulte de ces obfervations comparées & faites dans deux vallées parallèles, afcendantes enfemble vers une chaîne majeure, 1°. que les couches s'inclinent dans le même fens & dans la vallée de l'Argentière & dans celle de Chazaux;

2°. Qu'il y a de part & d'autre la même organifation intérieure, la même

G 4

suite, & superposition de couches; &
comme cet arrangement s'étend beaucoup en largeur & profondeur, il suit,
3°. que tout cela a été formé dans un
bas-fond de mer, lentement & d'un
commun accord, d'où est résultée
toute une contrée dont les pierres sont
l'ouvrage du même phénomène, comme
je vais l'exposer dans le Chapitre qui
suit.

CHAPITRE IX.

Premier âge des granits. Des schistes formés dans le courant de cet âge ; schistes délitescens, pulvérulens, compactes ; granitoïdes, leur formation. Second âge : les grès, argiles & poudingues. Troisième âge : les masses calcaires. Quatrième âge : les vallées creusées dans les masses précédentes.

D'APRÈS cette description, d'après la vue & l'examen des couches superposées, & l'hétérogénéité des matériaux qui forment ces différentes montagnes, il suit que dans toutes ces contrées, depuis les pays calcaires *des Gras* jusqu'aux hautes montagnes granitiques, la nature a employé divers temps pour la construction de tous ces ouvrages.

PREMIER AGE.

Il faut placer d'abord au commen-

cement de toutes ces chofes la formation des maffes de granit du grand Tanargues & pays voifins.

Or ce granit eft encore compofé
lui-même de matières hétérogènes entr'elles, dont le quartz eft le ciment, &
les parties conftituantes, le mica, le
feld-fpath, le choerl, &c.

J'ai montré ailleurs de quelle impor-
tance feroient les obfervations qui nous
montreroient l'état de ces fubftances
conftituantes avant la réunion qui en a
formé un granit : c'eft-à-dire le mica
étoit-il cryftallifé, étoit-il en maffes,
feuilleté ou non feuilleté? Quelle opération de la nature a réuni la pâte du
feld-fpath avec celle de quartz? nous
avons des obfervations qui paroiffent
pour & contre l'affirmation de quelques-unes de ces queftions; mais ce
qu'il y a de bien avéré, c'eft qu'à l'époque de la formation des granits primitifs, le quartz, quelque fois le feld-fpath,
fut le gluten de tous les matériaux
hétérogènes, & que plufieurs de ces
fubftances en particulier ont exifté en

principe & en pâte molle avant cette
époque de formation; le mica en paroît
excepté, car on voit fouvent des por-
tioncules de cet ingrédient coupées, la-
cérées par je ne fais quel agent, & le
quartz occupant l'efpace fait par la difruption; mais auffi on voit dans les
granits quelques micas véritablement
cryftallifés avec les autres matériaux.

Ces montagnes granitiques, dès les
premiers temps de leur formation, en
ont donné d'autres qu'on trouve placées aujourd'hui à leurs côtés ou dans
leurs anfractuofités, leurs gerçures,
leurs abîmes, je veux dire *les fchiftes de
montagnes* micacés, argilleux, pulvérulens ou formés de couches : l'ordre
de ces couches eft tel qu'elles s'inclinent en général dans le fein de la
montagne, qui eft leur appui; & il
paroît certain, comme je l'ai établi en
plufieurs endroits, que c'eft du détriment
du mica que ces fchiftes font formés.

Parmi ces fchiftes il en eft de pulvérulens, & ce font ceux qui, formés de
beaucoup de mica & de peu de quartz,

n'ont pas eu une fuffifance de gluten
capable de confolider les parties comme
ceux de Burzet. Il en eft de délitefcens,
& ce font ceux qui, amalgamés à l'aide
de cette matière glutineufe, ont eu befoin de retrait pendant l'évafion de l'humide, & fe font effectivement confor-
més en couches. Il en eft de très-foli-
des, ceux qui abondent en fuc pétri-
fiant. Il en eft enfin de granitoïdes, &
ce font ceux qui ont été pourvus d'une
quantité de principes quartzeux & fpathiques pour occuper les efpaces du
fchifte, s'inférer dans leurs vacuoles &
dans les efpaces de retrait.

SECOND AGE : LES GRÈS ET POUDINGUES.

C'eft donc la matière de toutes ces
fubftances détruites, élaborées, changées en fable de quartz, de fablon,
qui a formé ces grandes couches de grès,
de poudingue, qui font fous Tauriers,
fous l'Argentière, & dans le pays
d'Argentière jufqu'à la plaine de Laurac,

TROISIÈME AGE : LES MASSES CALCAIRES.

Ici toutes ces couches diverses se confondent, se mêlent avec le calcaire qui se change lui-même en calcaire pur, en quittant le grès devenu calcaire dans le contact & en fuyant l'antique pays. Ce qui forme la dernière des époques & le dernier âge.

QUATRIÈME AGE : DE LA FORMATION DES VALLÉES CREUSÉES DANS LE LIT DE TOUTES CES ROCHES.

A présent, réfléchissant sur l'état de toutes ces couches formées par sédimens dans un grand bas-fond de mer; il est visible que quand tout fut formé tout étoit plain, c'est-à-dire que l'élément aqueux sous lequel tout fut déposé & pétrifié, ne fut pas cet élément qui coupa tout en vallées, excava des précipices perpendiculaires le long des rivières, coupa à pic & sépara les masses par soustraction.

Cet ouvrage ultérieur est celui des rivières, & sans les rivières tous ces lieux, depuis le Tanargues jusqu'au pays *des Gras* calcaires, feroient fans folution de continuité. Rendez les atterriffemens des plaines à leurs vallées, & vous comblerez tous ces basfonds & ces efpaces vuides. Ainfi la Ville de l'Argentière eft fife dans une vallée autrefois plaine; les couches de la côte de Chaffiers & de deffous le Béderet, correfpondent aux couches des Baumes de Viviers, & à celles de deffous le pré de la Magdeleine : fuivez les couches prefque horizontales vers les Ranchiffes, & vous verrez leur réunion. Les couches de grès s'étendoient donc en large comme elles s'étendent en long; les eaux courantes ont tout coupé.

Elevation circulaire de Ruischei et Cascade sous Burlal ruis du Ruisseau

Planche A. Tome VIII. Page 11

CHAPITRE X.

Voyage de l'Argentière à Burzet. Remarques sur le clocher des Pénitens de l'Argentière & sur celui de Burzet : mouvement de celui des Pénitens quand on sonne la cloche ; ce mouvement est l'effet du lévier agissant en grand. Mouvement de balancier renversé, du clocher des Pénitens, déterminé par les allées & venues de la cloche sonnante : le clocher entraîné par le poids de la cloche sonnante & horizontale, entraîné en sens contraire par le retour de la cloche sonnante vers le côté opposé. Mouvemens plus compliqués & plus sensibles dans le clocher de Burzet. Description du clocher ; double mouvement de frémissement & de translation pendant que la cloche sonne à la volée : ce mouvement a séparé le clocher, de l'Eglise, de deux à trois pouces. Vues sur l'équilibre des cloches avec le joug. Des clochers octogones & carrés : moyens d'arrêter les oscillations de tous les clochers ; dangers des clochers mis en mouve-

mens par les cloches sonnantes : exem-
ple à Rheims. Observations d'His-
toire naturelle faites à Burzet : hon-
nêteté des Habitans. Suite des obser-
vations d'Histoire naturelle.

Donnez-moi un point d'appui, disoit Archimèdes, &, avec un grand lévier, je mettrai en mouvement & la terre & les cieux.

C'est le jeu du lévier qui occasionne les oscillations du clocher de Burzet & du clocher des Pénitens de l'Argentière, quoique celles de ce dernier clocher soient presque insensibles.

Pour reconnoître le mouvement qu'éprouve le clocher des Pénitens, il faut se placer dans le jardin de M. le Baron d'Agrain, fixer la flèche A , quand on sonne *à la volée*, & la comparer à un point correspondant de la montagne du Béderet.

Soit donc la figure A & B le clocher mouvant, dont les lignes noires marquent l'état de repos, & les lignes B E, B F marquent ses allées & venues à

droite

droite & à gauche, quand il quitte cet
état stable. Vers G est le pivot autour
duquel la cloche tourne autour d'elle-
même *à la volée.*

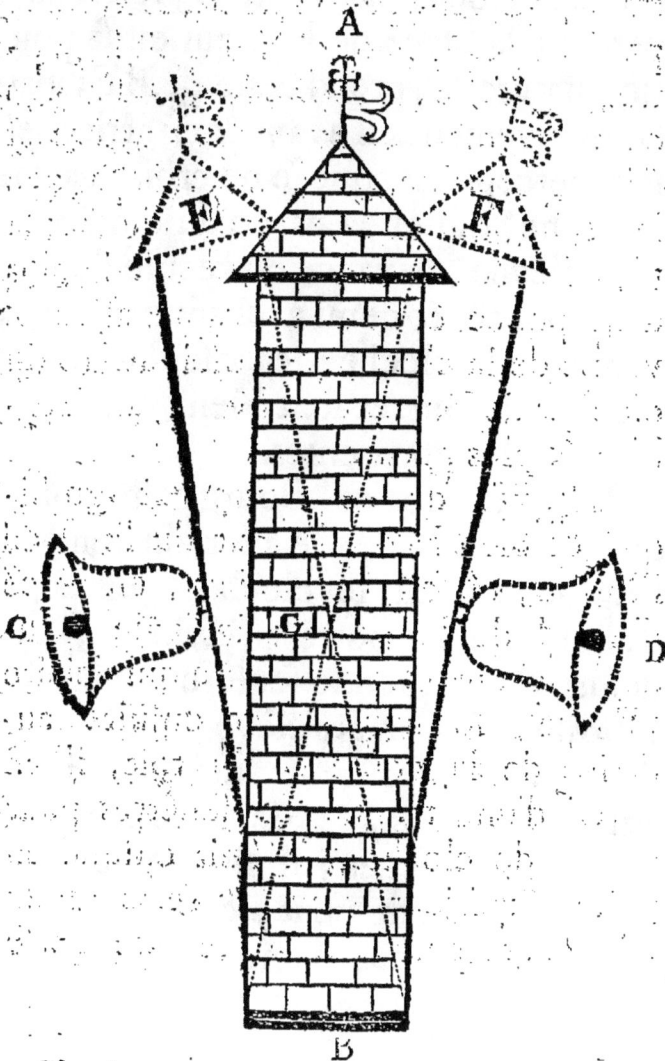

Il arive, quand on sonne à la volée,

que la cloche tournant autour de G &
parvenant en C, l'équilibre du clocher
dont la direction est de B en A, se
change de B en E; & quand au contraire la cloche passe vers D, le clocher
perdant la place de B A qui est sa position naturelle, prend celle de B F; mais
ce mouvement en avant & en arrière est
si imperceptible, que je ne crois pas que
la flêche, qui est la partie du clocher la
plus élevée, devance ou recule de plus
d'un pouce & demi à chaque allée &
venue de la cloche : les oscillations du
clocher de Burzet sont bien plus sensibles & plus apparentes.

L'Eglise de ce Bourg est gothique & bien bâtie; le mur du fond de
l'Eglise, où est le clocher, est percé
d'abord de la porte principale, au-
dessus est une grande fenêtre qui éclaire
l'Eglise; le mur s'élève ensuite au-
dessus de la voûte & du toit, il est
percé d'une rangée de fenêtres pour
autant de cloches, il finit ensuite en
pointe supérieurement, & cette pointe
est encore percée d'une fenêtre où se

trouve une cloche qui va opérer l'ébranlement de tout l'édifice.

On voit donc que le mur est percé quatre fois, 1°. par la porte, 2°. par la fenêtre, 3°. par la rangée des fenêtres des cloches, 4°. par la fenêtre supérieure où se trouve la cloche mobile de tout.

Lorsqu'on sonne cette cloche supérieure, le mur éprouve deux mouvemens, l'un de frémissement, par lequel toutes ses parties semblent trembler comme la main d'un vieillard ; & l'autre de translation, par lequel le haut du mur change effectivement de place, de telle manière que depuis la flèche du clocher jusqu'à ses fondemens, ce mur imite les allées & les venues du balancier renversé d'une horloge, le changement est même si considérable, que lorsqu'on considère ce clocher en profil & sa girouette supérieure, lorsqu'on observe leur correspondance à un point fixe de la montagne, on juge que le sommet du clocher s'écarte dans chaque

H 2

allée & dans chaque venue de six à
huit pouces, à droite & à gauche de
son à-plomb.

Lorsqu'on sonne les cloches inférieures, le mouvement de translation
est moins considérable, mais le mouvement de frémissement est double.

Le joug de la cloche supérieure qui
imprime le mouvement de translation est
d'une structure qu'il faut aussi décrire. Il
est deux manières de monter les cloches:
la première, lorsque le joug est presqu'en équilibre avec la cloche ; la
seconde, lorsque la cloche est pré-
pondérante.

De ce méchanisme il suit, 1°. que
plus la cloche l'emporte en poids sur le
joug, plus aussi il faut de force pour la
mettre en jeu, les allées & venues sont
alors plus multipliées, parce que la
chûte de la cloche n'étant pas mo-
dérée par le joug qui fait l'autre partie
du levier, & la machine se mouvant
circulairement, le poids majeur domine
toutes les parties. Le battant de la
cloche n'a pas même le temps d'obéir

à son propre poids, & de donner un coup vers le bas ; emporté rapidement avec la cloche qui retombe dans l'inftant, il ne bat que par contre-coup. Enfin les allées & les venues de la cloche font beaucoup plus multipliées, lorfque le poids de la cloche n'eft pas en équilibre avec le joug. Voilà le méchanifme des cloches de Saint-Jean de Lyon , de celles, en général , de Paris , &c. &c.

Il fuit, 2°. que lorfqu'au contraire le joug & la cloche font de même poids , comme quelques-unes que j'ai vues à Avignon , la cloche étant en équilibre avec le joug , peut tourner aifément, il faut une petite puiffance pour la mettre en jeu ; elle refte immobile ou droite , ou abaiffée , ou horizontale à volonté : le battant ne fonne point par contre-coup , il tombe feulement par fon propre poids fur la cloche, & il étouffe par fon contact permanent le fon qui émane du métal fonore.

Lorfque la cloche pèfe un peu plus

H 3

que le joug , sans être en équilibre
avec lui, les allées & venues se font
avec un peu plus de précipitation ,
il faut plus de puissance pour la sonner.
Croyans sans doute que le plus grand
poids de la totalité du joug & de la
cloche occasionneroit de plus grands
tremblemens du clocher : les Habitans
de Burzet ordonnèrent un joug léger
pour une cloche pesante : il est arrivé
au contraire que cette cloche mise en
jeu fait changer le centre de gravité
du clocher ; car dans l'instant qu'elle
est horizontale , elle exerce son poids
en sens horizontal, & pousse le mur
qui soutient le tout vers l'orient : voilà
une oscillation ou un mouvement du
clocher d'occident en orient.

La cloche , passant subitement du
couchant à l'orient en tournant autour
d'elle-même, pousse de nouveau le
même mur en sens contraire, & voilà
l'oscillation de l'orient au couchant.

Tout clocher élevé , qui n'est pas
carré, doit offrir les mêmes effets. Les
résistances à ces mouvemens composés,

qui s'opèrent fur des lieux fort élevés,
doivent ébranler tout l'édifice, tandis
que les clochers, en forme de tour,
compofés de quatre coins & de quatre
faces, détruifent, par la multiplicité des
réfistances & des points d'appui que
donne la multiplicité de formes des
l'édifice, ces mouvemens compofés.

Encore ai-je obfervé à Lyon fur le
clocher de Saint-Jean, dont la charpente eft un chef-d'œuvre de méchanique, que les poutres énormes qui
la forment ne font appuyées que fur
leurs pieds, & non latéralement : fi les
parois intérieurs du clocher foute-
noient les allées & les venues de la
groffe cloche, vraifemblablement tout
l'édifice en feroit endommagé &
s'écrouleroit peut-être ; il fe feroit des
fciffures & des féparations de parties ;
mais le Méchanicien, quel qu'il foit,
difpofa tellement fa charpente que le
centre de gravité des cloches fonnan-
tes n'agit que vers la bafe de la charpente, fans fatiguer les parois de la
tour.

H 4

Les Habitans de Burzet se sont donc trompés, en croyant qu'un joug plus léger que la cloche diminueroit l'action de leur sonnerie sur le clocher; ils pèchent contre cette loi de méchanique, exprimée ainsi : *à une force quelconque motrice, il faut une puissance égale pour élider le mouvement.*

Si les mêmes Habitans vouloient diminuer les oscillations de leur clocher, il faudroit descendre la cloche dans une des fenêtres vuides inférieures, ou augmenter le poids du joug & le mettre en équilibre avec la cloche, alors le centre de gravité ne changeroit pas à chaque allée & venue de la cloche; & comme c'est par le changement subit & contraire de centre de gravité que sont produits les tremblemens & mouvemens du clocher, il suit qu'en diminuant la force de la cause, les effets seroient moindres. Mais les gens de Burzet sont trop jaloux de posséder un clocher mobile, ils en parlent avec enthousiasme, & ne veulent pas toucher à tout cet attirail; ils

entrent ou fortent en foule de la porte
inférieure avec fécurité, fans vouloir
croire que des caufes pareilles ont fait
tomber en ruine une partie de l'édifice
de Rheims, qui étoit mis également
en action par le jeu d'une cloche.

Je vais plus loin : peu arrêté par les
objections qu'on m'a faites fur ce clocher qu'on dit fe mouvoir ainfi depuis
fa fondation, je crains une chûte fatale;
comme ces Phyficiens, bons patriotes,
qui prédirent autrefois celle d'une partie
des édifices de l'Eglife de Rheims. Ce
clocher ou plutôt ce mur élevé de Burzet
n'ayant aucun mur oppofé qui arrête fes
contre-coups, doit un jour néceffaire-
ment tomber en pièces. J'ai déjà fait obferver que la partie la plus foible contenoit une fciffure où la pierre, ufée par
les frottemens, ou moins compacte,
& par conféquent de moindre réfiftance
à toutes ces réactions, peut s'écrouler.
Tout l'édifice qui ne fe foutient que
parce que les pierres des arcs font géo-
métriquement taillées, s'écroulera fur
lui-même; car il n'eft pas poffible qu'un

édifice si dégagé, si élevé & qui éprouve
sur son sommet tant de réactions, soit
toujours stable. Je me représente ce clocher comme un immense instrument de
méchanique, qui se détériore d'abord
dans sa partie la plus foible ; il faudra
peut-être une longue suite d'années pour
opérer cette destruction, parce que
l'édifice est bien bâti, la pierre en est
dure, le clocher joue aisément, sans
perdre tout son équilibre ; mais il peut
s'écrouler comme l'édifice de Rheims,
& l'ensemble de toute sa masse annonce qu'il tombera tout à la fois ; car
je n'ai vu aucune partie qui pût se soutenir isolée, & le ciment se détruit
d'ailleurs tous les jours par l'attrition
des pierres mobiles qui l'écrasent.

La reconnoissance me fait souhaiter
encore ardemment de me tromper.
J'ai reçu mille politesses du Pasteur &
des Consuls de cette Paroisse, qui
exercent envers les Naturalistes l'hospi-
talité, avec distinction. On a fait sonner
les cloches pour observer le jeu du
clocher, & on m'a facilité les moyens

de parcourir les précipices & les montagnes des environs de Burzet.

Pendant les fortes gelées le clocher ne plie plus ; alors il est roide, & il n'éprouve que des tremblemens, parceque dans ce pays froid & humide en hiver, les jointures ouvertes par les secousses s'imbibent d'eau qui se glace, & qui tient en quelque manière la place de ciment.

Lorsque toutes les cloches sonnent, les oscillations régulières du clocher sont dérangées, à cause de la succession rapide, & faite en sens contraires, des allées & venues de toutes les cloches ; mais si les cloches se correspondoient, si elles partoient en tournant autour d'elles-mêmes toutes ensemble, si elles se trouvoient dans un moment toutes vers l'occident, je crains bien qu'il ne s'en suivît quelque secousse extraordinaire du clocher, qui obéiroit à plusieurs forces dirigées dans le même sens. Cette correspondance est de difficile rencontre, parce que toutes les cloches étant de masse inégale, & chacune

obéiffant dans fes allées & venues à la
quantité de fa maffe combinée avec le
poids du joug, cet accord eft prefque
impoffible. Voilà l'hiftoire du clocher
de Burzet, dont les phénomènes tiennent à une des plus belles parties de
la méchanique, & qui offre en grand
les effets d'un levier de la feconde
efpèce.

En defcendant de Burzet, vers le
Colombier, on trouve une grande coulée de laves qui defcendent du Cros-
de-Peliffier; elles occupent le bas-
fond de la vallée, & prouvent que
l'excavation de celle-ci étoit faite à-
peu-près comme aujourd'hui quand la
coulée ardente fe précipita dans le bas-
fond. On trouve des prifmes bafaltiques coupés horizontalement; on obferve plufieurs coulées prifmatiques,
fur-tout vers le pont, & des voûtes
de bafaltes en divers endroits de la
vallée, dont la coupe des pierres en
voûte approche plus ou moins de ces
formes géométriques, néceffaires au
maintien des arcs. Souvent la couche

supérieure des basaltes est coupée ;
alors il se forme des cascades ; & la
chûte de l'eau dans le bassin inférieur,
dont les parois font des colonnades en
demi-cercle, offre un tableau pittoresque
que je n'avois vu nulle part, comme
on peut l'observer dans la figure ci-
jointe. Cette coulée de basaltes a été
minée encore par l'eau courante de
la rivière qui tend sans cesse à récu-
pérer son ancien lit, encore occupé en
partie par la lave. C'est l'ouvrage des
siècles accumulés, à la fin desquels il
ne restera plus aucune trace de ces
coulées remarquables, qui ne sont établies ici que d'une manière peu adhérente, ne faisant point un corps intime
avec la roche vive inférieure, & en
étant même souvent séparée par l'in-
termède de l'ancien lit de rivière inondé jadis du basalte coulant.

CHAPITRE XI.

Voyage de l'Argentière à Chomerac, à Saint-Vincent de Barrez. Des trois pics de Saint-Vincent, Saint-Bauzile & Barry : ils sont formés de trois plateaux de lave : ils ont pour base la roche calcaire : ils sont séparés par deux vallées ou gorges ; ils appartiennent à la même coulée. Planche des trois pics vus en coupe, vus à vol d'oiseau. Phénomènes arrivés pendant les explosions, dans le sein de la masse calcaire : ces phénomènes sont découverts par l'excavation des vallées. Explications physiques.

Nous pénétrons encore dans les hautes montagnes volcanisées du Coiron, ou des Monts Coiron ; car tout le plateau supérieur, déchiré en tous sens de vallées, semble de loin être un amas de montagnes juxta-posées, ce n'est cependant ici qu'une grande masse calcaire, couverte d'un plateau

de lave : la souftraction de cette lave
& de cette maffe calcaire inférieure a
éloigné les fubftances, établi des anfractuofités, des précipices, des vallées,
& on appelle *les Monts Coiron* tous
ces lieux qui n'ont fait dans leur première organifation qu'une feule maffe.

A, B, C, font des reftes ifolés de
ce plateau primitif. A eft la pointe des
roches de Barry; B eft la montagne Saint-
Bauzile ; C eft le pic de lave ou montagne dont le fommet eft volcanique
& qui eft fitué entre le château de
Granouz, Saint-Lager, Saint-Vincent
de Barrez, & Saint-Bauzile. *Voyez la*
planche 5 *de ce Volume , page* 38.
La figure 1 , dont le deffin a été pris
dans la vallée inférieure, offre le tableau
de ces trois pics, la gorge D de Chomerac qui en fépare deux, & l'excavation
ou vallée E qui fépare Barry de Saint-
Bauzile.

La figure 2 de la même Planche
offre les mêmes objets, vus dans la
Carte géographique. A eft le pic de

Barry, B est le mont Saint-Bauzile, C la montagne suivante.

Ces trois pics ont été autrefois contigus, en ce sens que les vuides, vallées & précipices qui sont entr'eux, n'ont pas toujours existé, mais ont été occasionnés par l'enlèvement des parties intermédiaires, comme le Sculpteur creuse le marbre à coups de ciseau, pour rendre deux lèvres saillantes & apparentes.

Que cette soustraction ait été faite ou par un déluge, ou inondation, qui aura dissous ou enlevé ces espaces intermédiaires, comme le prétendent MM. Roux, Faujas, &c. &c, par une force pénétrante & subite; ou que cet enlèvement ait été fait par l'action lente des rivières, ruisseaux, &c. comme je l'ai exposé dans ma théorie des vallées, Tome VI; peu importe, ici je veux démontrer seulement,

1°. Que toutes les couches calcaires horizontales ont été prolongées d'abord d'un commun accord sous les trois montagnes, 2°. que chacun de leurs trois pics

pics de lave n'a pas été formé en champignon, mais seulement par l'excavation des parties environnantes.

On voit dans ces trois montagnes la base calcaire, la correspondance des couches, de la blocaille de laves sous le plateau basaltique; & enfin ce plateau supérieur volcanique, couvrant toutes choses : & cette observation réfute le sophisme de ces sortes d'Ecrivains qui, voulant s'immiscer dans des sciences dont ils ne connoissent pas les principes, croient détruire les observations des Naturalistes, en disant : *que les pointes du Jura & autres montagnes n'ont pas été en pâte ni fluidité, comme nous le disons, parce que les fluides ni les demi-fluides ne s'établissent pas en pointe de cette sorte, ni en précipices.*

Quelque parti qu'on prenne pour expliquer la cause qui a séparé les masses, autrefois adhérentes, il n'est pas moins vrai qu'elles sont séparées & qu'elles l'ont été, même après la coulée de la lave ; or cette excavation dans la roche calcaire fondamentale

nous offrira bientôt de nouvelles obfervations.

Au-deſſous de Saint-Vincent de
Barrès, & environ une demi-lieue après,
on trouve dans une vallée un filon de lave
de même nature que celui qui court
de Privas vers le pic de Toulon ; c'eſt
encore la répétition du même objet
obſervé fous le château d'Aps, à Villeneuve de Berc, & à Saint-Laurens-des-
Bains.

Ce filon eſt faillant fur la ſurface du
fol en pluſieurs endroits, & fert de limites à diverſes pièces de terres. Il ne
fépare pas les couches calcaires, de manière qu'il ſuive leurs intermédiaires
horizontaux, il les coupe au contraire
en ſens vertical, comme la fente d'un
mur coupe toutes les couches de
pierres qui le compoſent.

Suppoſez donc que pendant les groſſes chaleurs il ſe fait dans une grande
plaine, une longue, large & profonde
crevaſſe verticale ; rempliſſez-la en eſprit de lave coulante, & vous aurez
une idée de ce beau filon de baſalte
dans la roche calcaire.

Il y a divers fentimens fur la manière dont ces filons ont été remplis; M. Faujas prétend que la lave a circulé dans la vafe calcaire & fous-marine, & formé les filons dans le liquide. L'incompatibilité de la lave ardente, avec un corps environnant humide, me paroît peu favorifer cette opinion.

Je penfe, d'après un examen férieux & local de tous ces divers filons courans, tant dans les roches fchifteufes que granitiques & calcaires en plufieurs contrées du Vivarais, que la crevaffe large, longue & profonde faite dans la maffe calcaire, sèche & pétrifiée, a été d'abord occafionnée par les forces de trépidation fouterraine, lors de l'explofion volcanique. Les papiers publics nous ont confirmé cette vérité à l'époque du tremblement de terre de Meffine: le contre-coup forma en différens endroits des crevaffes longitudinales, qui arrêtoient des voyageurs & les couriers. Les forces expulfives agiffant jufques-au dehors, dans les

pays dont les volcans pouſſent leurs
feux, expliquent fort bien les affreuſes
ſciſſures du globe, tant en Italie auprès du volcan agiſſant, qu'en Vivarais auprès de nos antiques volcans
éteints.

Et comme une immenſe coulée
de laves couvrit alors la ſuperficie
ſupérieure de la terre en Coiron &
ailleurs, elle dut s'engouffrer dans ce
profond & long réceptacle; là, elle
éprouva dans elle-même, & fit éprouver à la matière calcaire latérale, les
effets que je vais décrire.

Toute incandeſcente, la lave par
l'application de ſon feu ſur la maſſe
calcaire ambiante, fit décrépiter celle-ci;
il arriva ce que nous obſervons encore dans pluſieurs fours à chaux, dont
certaines pierres calcaires décrépitent
& détonnent étant ſurpriſes par la
chaleur; de manière qu'il ſe forme des
lits de pierre que la retraite inopinée
& ſubite de l'eau conſtituante qu'elles
contiennent, ou l'introduction du nouveau fluide igné, fait ſeparer.

Or la détonnation de la roche calcaire, contenante, vive, dure, sonore, occasionna des retraites, & par une suite nécessaire des couches juxtà-posées, parallèles entr'elles, & avec le filon de lave contenu :

Et comme ce filon de lave est vertical ; comme d'ailleurs les anciennes couches calcaires étoient horizontales, les nouvelles retraites ont occasionné des disruptions perpendiculaires qui coupent à angles droits les fentes horizontales déjà existantes.

Cette suite d'observations sur les loix des retraites, prouvent bien que ces nombreuses couches horizontales qui coupent dans les roches calcaires, ne font point toujours l'ouvrage de plusieurs dépôts, mais bien de la fuite du fluide qui, laissant le solide, l'oblige à se condenser, d'où résultent diverses couches parallèles, quand l'évasion du fluide s'est faite dans des temps & des espaces égaux : elle prouve en outre que tout fluide inclus dans les roches, soit calcaires, soit d'une autre nature,

I 3

occasionne également les solutions de continuité, les gerçures ou fentes, puisque le feu, comme l'eau, ont opéré chacun à sa manière le même effet.

Le même phénomène est occasionné à la longue par les injures des temps, dans les pierres qui servent à la construction des édifices. A force de recevoir ou de perdre des molécules ignées en été & en hiver : à force de faire le jeu du soufflet qui inspire & expire la chaleur, ces pierres perdent à la longue la cohésion des parties constituantes qui ne sont pas, comme les métaux, douées de malléabilité, c'est-à-dire de cette propriété qui fait qu'un corps s'alonge & diminue sans solution de continuité. Les pierres perdent donc la cohésion réciproque de leurs parties constituantes, & ce que l'humide & le sec, la chaleur & le froid successifs occasionnent dans le cas présent, se voit encore sur la surface d'un mur quelconque après un grand incendie.

Nous avons vu une des quatre murailles de l'Opéra incendié de Paris,

perdre d'abord son plâtre; ensuite les
angles de chaque pierre carrée du mur,
& les lignes de jointures des pierres se
disloquer pour ainsi dire, devenir pulvérulens, laisser des vuides, & prendre
l'air de vetusté de quelques monumens
anciens; c'est que toutes les pierres
acquièrent rapidement, par une chaleur véhémente subitement appliquée,
un plus grand volume; ensuite se refroi-
dissant, leurs parties manquant de malléabilité, ne peuvent revenir à leur premier lieu respectif. Par l'évasion du feu,
il resta donc des vuides, & ces vuides,
détruisant la connexion des parties,
firent perdre la primitive adhérence.
L'intérieur des pierres ne put devenir
pulvérulent, parce que les refroidisse-
mens s'opérèrent d'une manière plus
égale, parce que les angles & les jointures trouvant des vuides entre les
pierres, se gonflèrent davantage, &
éprouvèrent presque seuls l'inconvénient d'une acquisition & d'une perte
rapide du fluide igné. Aussi toutes les
pierres de cet édifice ont été changées

I 4

par le refroidiffement en une fuite de
pierres fans angles qui imitent plus ou
moins la figure d'un globe. Au refte j'ai
donné, dans le Chapitre quatrieme de cet
Ouvrage, les principes de la retraite figu-
rée des parties d'un corps non-malléable,
qui paffe de l'état d'incandefcence à celui
de refroidiffement, & j'ai expliqué comment on doit concevoir la formation de
toutes les configurations bafaltiques, les
voûtes de lave, les fuites de bafaltes en
zigzag, les noyaux inférés qui déterminent dans toute une coulée une fuite
de boffes femblables dans chaque bafalte, &c.

Après avoir obfervé les deux filons
de lave, ainfi incruftés dans le vif de
la roche calcaire, & reconnu les ra-
vages inteftins que le feu a occafionnés
aux couches, on defcend, en fuivant
la vallée, dans la plaine du Rhône,
toute formée de fes atterriffemens em-
menés de tous les pays arrofés par le
fleuve ou par les rivières qu'il reçoit.

A Viviers, vous trouvez fon lit plus
refferré & logé dans la roche vive &

calcaire qu'il a coupée à pic, à droite
& à gauche : vous voyez entre Viviers
& Donzère, des coupes perpendiculaires de la roche; à droite en descen-
dant est des Vivarais, à gauche est le
Dauphiné.

Il est visible que ces deux masses
perpendiculaires n'ont fait jadis qu'une
seule & même masse : l'épaisseur &
l'inclinaison des couches correspondantes, la nature de la pierre, tout
annonce que ce grand vuide, n'a eu
lieu que par l'enlèvement des parties
intermédiaires, fait à la longue, par
les eaux courantes du fleuve.

Il fut donc un temps dans les âges
du monde, où des hauteurs des roches
de Donzère & de Viviers étoient une
vaste plaine horizontale ou peu inclinée vers la Méditerranée; alors cette
plaine reçut facilement les atterrissemens, des amas de pierres roulées, fluviatiles, granitiques, calcaires, volcanisées, du Vivarais, du Dauphiné, de
la Suisse, &c. &c. ; & quand le Rhône
eut creusé dans le vif de la roche ce

dépôt, ce détriment de toutes les montagnes resta stationnaire à droite & à gauche du Rhône; il montre encore quelques basaltes & pierres volcaniques, arrondies par les eaux dans le territoire du Dauphiné, où il n'y a nul volcan; il faut donc croire qu'on les trouve pêle-mêle avec le reste des pierres, parce que le Rhône les déposoit sur les hauteurs de Donzère, & dans toute cette partie orientale du Rhône, & parce que, avant l'excavation du grand lit inférieur, ces lieux étoient alors un bas-fond, & le vrai lit du Rhône qui amoncèle confusément tous les décombres des montagnes voisines & environnantes. Je donnerai un jour les plans géométriques, la Carte, les coupes de cette immense roche calcaire taillée à pic par le Rhône & à la longue, & la théorie des Craux latérales de ce fleuve. On travaille dans ce moment à lever tous ces plans.

Coulée de Laves sur le Sommet de trois Montagnes.

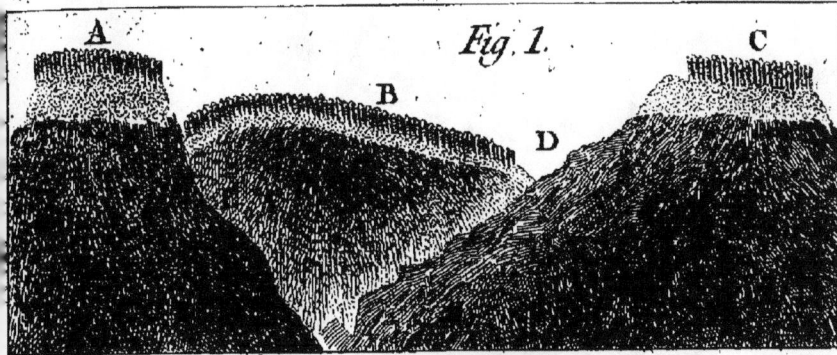

Fig. 1.

A   B   C   D

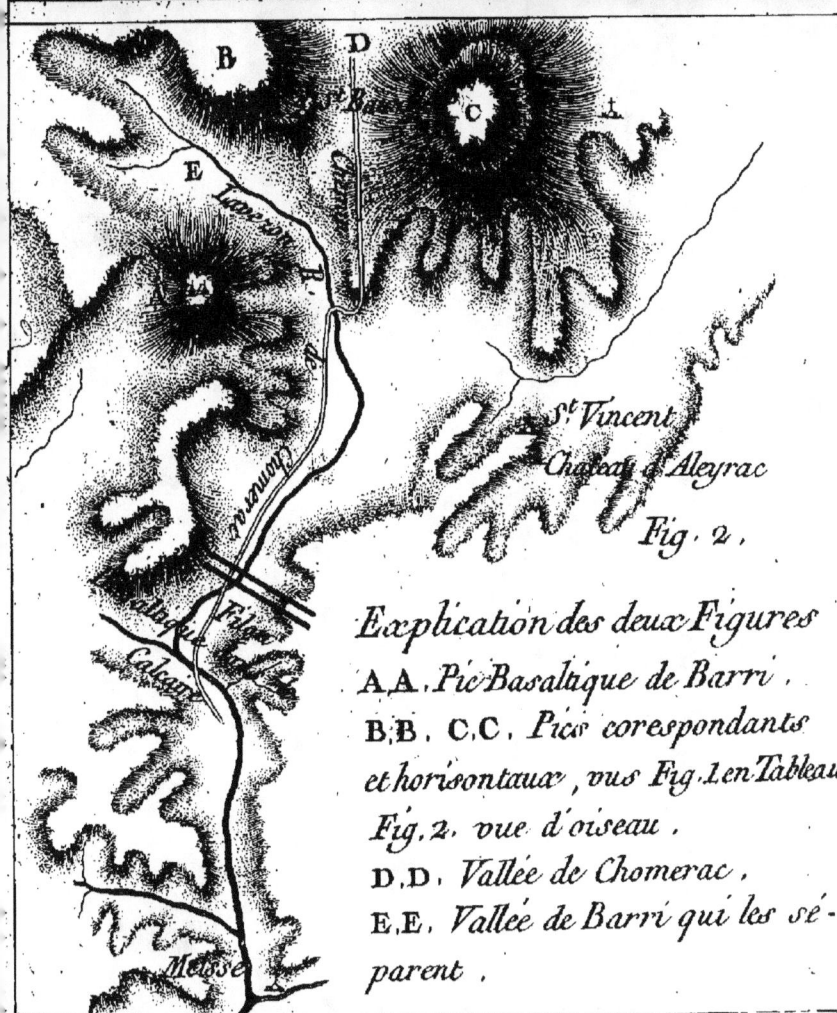

B   D
St Bas.
C
E   Luperso
St Vincent
Chateau d'Aleyrac
Chomerac
Fig. 2.

Explication des deux Figures

A.A. Pic Basaltique de Barri.

B.B. C.C. Pics corespondants
et horisontaux, vus Fig.1.en Tableau
Fig.2. vue d'oiseau.

D.D. Vallée de Chomerac.

E.E. Vallée de Barri qui les sé-
parent.

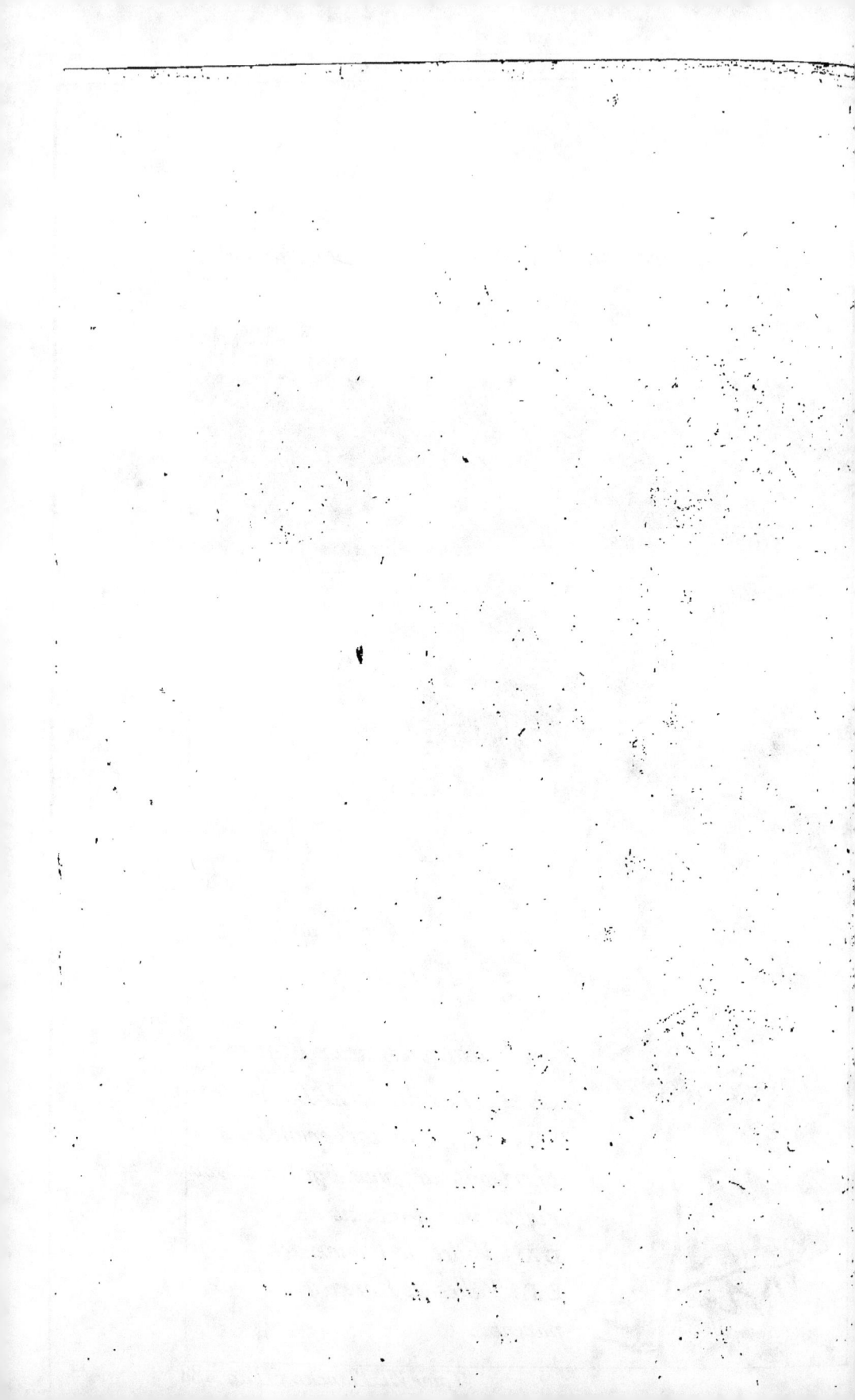

CHAPITRE XII.

Voyage de l'Argentière à Brison : chaîne de grès des montagnes de Montréal. Quelques couches calcaires perdues dans les lieux élevés, & séparées de la zône calcaire. Vues sur les restes calcaires, observés à Cumouillé ; élévation du sol à Brison. Météores : construction de la montagne ; plateau supérieur de grès, coupure perpendiculaire du schiste, & grès réunis ; la montagne de Brison paroît avoir été séparée, par les eaux, du grand Tanargues. Voyage à Beaumont. Schiste de montagne, filons qui tranchent les montagnes remplies de cristallisations quartzeuses ; topographie de ces montagnes. Voyage à Saint-Laurens-des-Bains ; granits en couches peu inclinées au-dessus de Sablières. De la pierre dite basalte de montagne : noyaux dans le granit. Granit décomposé & argilleux en partie. Vue de Saint-Laurens-des-Bains. Couches de schistes inclinés.

*Parallelisme de cette inclinaison avec
la pente de la grande masse granitique
& primitive. Granit schisteux, & schiste micacé en couches inclinées & alternatives. Description, ou filon perpendiculaire des montagnes de Saint-
Laurens : ce filon est rempli de lave
basaltique ; il est éloigné d'une demi-
journée du chemin du volcan de Loubaresse qui est le plus voisin, & d'une
journée de tout autre volcan à bouche
conique & à coulées : le filon de lave
de Saint-Laurens démontre que les vallées, dans le monde granitique, sont
formées par soustraction de partie. Il
démontre que les hautes montagnes ont
pu être hérissées de volcan dont les eaux
ont entraîné les monumens externes,
& délaissé les filons de lave inclus dans
la roche ; antiquité de ces évenemens
naturels.*

CETTE chaîne de montagnes qui se
perd à Laurac, monte vers Montréal,
& se dirige vers Brison, est d'un grès
à gros grains où se trouvent souvent

des grains de feld-ſpath ; mais tout cela
ſans cryſtalliſation & groſſièrement ci-
menté par un gluten quartzeux qui atta-
che toutes choſes.

Cette chaîne eſt formée de grès en
bancs & les bancs ſont ſouvent coupés
en fentes verticales croiſées de manière
qu'il en réſulte des triangles ou des tra-
pèſes ; en quelques endroits il devient
pulvérulent, en quelques autres il eſt
vif, dur & très-compacte.

En s'approchant de Briſon, on trouve,
après avoir paſſé Cubagnat, quelques
couches calcaires éloignées de la zône
de cette nature, & ſéparées de toute matière analogue ; elle eſt mélangée de
molécules de grès, & on y trouve quelques reſtes de coquilles. C'eſt la première
fois & le ſeul lieu où j'aie vu de ſem-
blables dépôts calcaires éloignés de la
maſſe coquilière de la Province. Il faut
croire à cet aſpect, qu'ils ont été délaiſſés ici avant l'excavation de toutes
les vallées des pays d'alentour par les rivières ; il faut croire que quand ce lieu
étoit le fond d'un grand baſſin de mer,

toutes les pentes depuis le Tanargues,
jusqu'aux Gras, étoient douces, sans
sinuosités, ni précipices ; la mer déposoit paisiblement ces lits inclinés de
grès, de schiste & de roche calcaire :
après sa retraite, les eaux continentales ont taillé à pic toutes les couches
à force de passer dessus, & ont coupé
le terrain vers la mer, selon la pente du
local.

Tous ces vuides qu'on trouve donc
à droite & à gauche de Brison ont été
coupés & par la rivière de Roubreu &
par celle de Joyeuse, & par tous les
petits ruisseaux de leur dépendance :
toute masse calcaire superposée a été
balayée ; & vers Cubagnat ce lieu ne
montre des couches calcaires supérieures que parce que les rivières n'ayant
rien dégradé en ce lieu, l'ancienne superposition est encore visible ; c'est une
colonne de Palmyre plus adhérente,
mieux établie sur elle-même, moins ex-
posée à l'action destructive de l'eau courante fluviatile qui, n'ayant pas attaqué
la montagne fondamentale, a laissé sub-

sifter cette légère couche de l'ancien sédiment maritime.

En s'élevant vers le château, on trouve des objets plus curieux ; ici l'art est joint à la nature pour la construction du château : déjà sur ces hauteurs vous dominez sur tous les Gras, sur presque tout le Diocèse de Viviers, & au-delà, les montagnes de Savoie, de Dauphiné, le Mont-Blanc. Tous ces lieux glacés vous paroissent de petits nuages lointains sur lesquels semble s'appuyer la voûte azurée.

En montant du château vers la tour, on trouve du grès & du schiste en blocaille, & non en cailloux roulés, ce qui vous annonce quelque catastrophe dont nous trouverons la preuve sur les hauteurs du Brison.

Enfin on voit sur le haut une place horizontale formée toute d'une couche de grès à gros grains, divisée en cubes & en formes prismatiques ou trapézoïdales. C'est ici, vous dit-on, que le brave Brison assembloit ses troupes, les exerçoit & leur montroit les places dont il falloit s'assurer, & les ennemis qu'il falloit combattre. Je ne connois effectivement aucune position plus favorable à un Général, pour haranguer ses troupes. Brison qui avoit d'ailleurs beaucoup de hardiesse dans son caractère & dans ses plans, voyoit des hauteurs de ce plateau tout le bas-Vivarais, comme dans une Carte géographique; son éloquence vigoureuse pouvoit animer le soldat, en lui montrant de ce lieu un poste favorable & le butin qui l'attendoit. Tout autre bastion, tour & donjon étoit au-dessous de lui. Sa tour & son château étoient inattaquables, étant situés sur une pointe environnée, presque de tous côtés, de précipices.

Le Naturaliste trouve sur les hauteurs du Brison des objets qui l'intéressent davantage. Au couchant & au nord, il voit une crevasse qui sépare la montagne du monde primitif granitique, du grand Tanargues, dont elle fut jadis une chaîne inférieure & latérale. Au levant & au midi sont les Gras inférieurs ou pays calcaires du Maillagues, d'Uzer, de

Laurac

Laurac & de Joyeuse. Il voit en grand
toutes les couches calcaires nues & arides, qui repréfentent l'ancienne mer
inondant tout le voifinage, laiffant
fes coquilles & fes dépôts horizontaux.
Il diftingue les coupures taillées en précipices dans le vif de ces dépôts, quand
les rivières de Lende, de la Ligne, de
Roubre, réunies eurent long-temps
paffé dans le même lieu & coupé cette
affreufe embouchure taillée en précipices dans les Gras, pour fe jetter dans
l'Ardèche & le Rhône. Il diftingue le
même phénomène dans l'embouchure de
la rivière de Beaume, près de Joyeufe,
phénomène répété tout le long de cette
côte calcaire qui court de Joyeufe vers
l'Efcrinet & vers Privas, & qui eft coupée à pic par toutes les rivières qui paffent du fol granitique dans le fol calcaire.

Le Brifon, recouvert fupérieurement
d'une roche de grès, eft compofé en
partie de fchifte micacé de montagne
qu'on trouve fous la tour, entre le couchant & le levant: or ce fchifte & ce

Tom. VII.   * K

grès sont avoisinés de manière qu'ils se touchent de près , se présentant des surfaces presque perpendiculaires, ce qui persuade qu'il y a ici quelque ancienne disruption, un dérangement des masses.

Le grand Tanargues en effet qui envoie vers Mayres, la Souche, Prunet, c'est-à-dire vers presque tous les points du monde, des hautes chaînes, paroît coupé ici, & de Brison en est séparé par des précipices, tandis que de l'autre côté, sa pente est douce comme les autres appendices environnantes du Tanargues.

Ce fait seroit démontré, si les deux montagnes étoient formées de couches, comme tous les Gras, qui de Joyeuse au Pouzin, n'ont fait qu'une seule masse coupée seulement par les passages riverains ; mais ici tout est granitique, ou schisteux, ou de gros grès, & la seule analogie peut nous permettre des remarques. Au reste je dois observer ici une faute considérable dans la Carte de l'Académie la mo tagne & la tour de

Brison ont dû servir aux Ingénieurs pour
déterminer les angles : c'est un point
élevé en Vivarais qu'on apperçoit de
plus de dix Diocèses, c'est une haute
montagne, remarquable par sa pointe, sa
tour & son château. Devoit-on s'attendre que dans la Carte dite de l'Académie,
ce lieu élevé & remarquable seroit invi-
sible ou confondu avec quelques monticules latéraux, ou collines du second
ordre, puisque le Mont Béderet près de
l'Argentière pris pour exemple y est bien
plus apparent? Enfin le sommet de cette
montagne, qui est une haute pointe isolée, environnée de plusieurs côtés de précipices, est représenté dans cette Carte
comme une plaine en montagne, con-
tigue à des plateaux voisins, ce qui ag-
grave l'erreur sur cette partie intéressante de la Province.

Le Brison, élevé au-dessus des montagnes voisines, éprouve à sa base & à
son sommet, comme toutes nos autres
montagnes, des impressions atmo-
sphériques différentes, observation confirmée par nos voyageurs aériens parve-

nus à une certaine élévation. On a vu les hauteurs du château dominer sur des nuages sortis du sein de la terre : tout le pays inférieur étoit abîmé sous ces nuages orageux qui faisoient trembler le pauvre Cultivateur ; tandis que sur le Brison le ciel étoit serein , calme & azuré : alors on voyoit au-dessous du château une mer de nuages qui le dissolvoient en grêle & en pluie, & d'où partoient, dans tous les sens, les éclats de la foudre.

M. le Comte de Brison, de la Maison du Roure, Seigneur des environs & de la Ville de l'Argentière, visitant de deux en deux ans ses différentes terres, vient porter dans toutes ces contrées la joie & le contentement. Tout le pays d'alentour lui doit d'avoir réprimé les gens de loi, qui se font permis dans nos montagnes diverses sortes de concussions sur le Cultivateur ignorant & éloigné des Cours Royales, où la Justice se rend avec bien plus d'équité.

On passe de Brison à Beaumont, à travers mille & un précipices, malgré le grand chemin qu'on a dirigé à

travers les montagnes. Ces pays font
fchifteux, avec quelques filons d'un
quartz laiteux. Vous trouvez fouvent
des filons qui tranchent des montagnes
entières, & quand le quartz ne remplit
pas toute la fente, le vuide eft hériffé de
cryftaux. En fuivant les hauteurs de la
chaîne de Beaumont vers le Tanargues, vous foulez aux pieds un terrain
précieux aux yeux du Naturalifte; il eft
formé de granit & de fchifte alternative-
ment; quelquefois un filon de granit
vient fe perdre en pointe dans le fchifte. Il eft formé fur-tout de feld-fpath rouge dominant dans la maffe, & de quartz.
Ce feld-fpath paroît être le ciment de
tout. Cependant il eft dans la maffe
comme deux morceaux de cire blanche
& de cire jaune mols, comprimés enfemble. Souvent ce fchifte eft peu différent
par fa compofition du vrai granit; alors
fon feld-fpath & fon quartz font fouvent
en couches ondées.

Le Naturalifte & le Phyficien multi-
plient tous les jours les obfervations
qui prouvent le danger de fonner à vo-

K 3

lée les cloches pendant les orages: Le 12 Septembre 1783, un nuage affreux menaçoit Beaumont, & un grand coup de tonnerre sec, sans répétition subite de bruit, annonça la chûte de la foudre; voici ses effets dont j'ai été en partie témoin : elle enleva la pierre qui soutenoit la girouette du clocher & la porta à sept ou huit toises de distance ; la girouette disparut ; la foudre suivit la chaîne attachée au pilier du clocher, enleva des pierres du toit, du mortier, coupa des corniches, dessécha les feuilles de deux arbres voisins ; dérangea les tuiles d'un couvert au-dessus de la porte, enfonça les fonts baptismaux, renversa la burette de l'eau, coupa une partie de la porte & la jetta au fond de l'Eglise opposé, enleva le mortier horizontalement près de la porte, dans le sens d'une couche de pierre schisteuse, fracassa trois vitres & le verre d'une niche & enfonça les pierres de granit, & de grès d'une petite porte dans le mur.

Le Sonneur fut frappé d'un mal de

poitrine & cracha du sang, le bras qui
sonnoit fut écorché, & toute la peau
du devant de l'estomac fut brulée; son
fils fut renversé contre la muraille sans
aucun mal; la chemise & la veste de
son pere furent changées en charpie,
& il mourut le 19 suivant, après de grandes douleurs à la poitrine.

Comme les temps orageux excitent
le peuple à la priere, je ne puis dissimu-
ler que la difficulté qu'on trouve à
abolir l'usage de sonner les cloches pendant l'orage, vient de ce que plusieurs
Chefs de l'Eglise ont voulu conserver
ces sentimens de pieté & solliciter même les Fideles par le son des cloches
à prier pour la conservation des biens
de la terre. Il se présente un moyen de
satisfaire à ces pieuses intentions, sans
exposer si souvent au danger les clochers
& les Eglises; il faudroit pour cela donner seulement quelques coups de battant,
& ne jamais sonner à volée toutes les
cloches. Cette maniere lente seroit bien
plus analogue au sentiment affectueux,
à la douleur populaire, que ces ca-

K 4

rillons dangereux & cette grande fonnerie, qui ne font en usage que dans
les jours de Fêtes annuelles, on confer-
veroit ainsi les usages de piété qu'on ne
veut pas détruire, & on écarteroit les
dangers de la foudre occasionnés par la
grande fonnerie.

En passant de l'Argentière à Saint-
Laurent-des-Bains, non par Beaumont,
mais par Joyeuse, on trouve sur le plateau granitique, au-dessus de Sablières,
des précipices creusés dans le vif des
rochers. On voit dans la plaine supérieure, des masses d'un beau granit en
couches inclinées ; chaque couche est
divisée en cubes & en trapèzes, en triangles, en pentagones, &c. &c. Il seroit
possible d'y trouver de beaux prismes ;
ces retraites perpendiculaires comme les
horizontales, ont été opérées par l'inva-
sion d'un fluide : on y trouve des
fpaths coupés en deux dans les différentes
tions.

Ce granit est très-dur, il est composé
de quartz grisâtre, de feldspath & de
quelques choerls. On y trouve en noyau

de ce qu'on appelle si improprement *basaltes de montagnes*, qui n'est qu'un quartz
avec un peu de feld-spath & beaucoup
de mica & de choerls en poudre très-
noire aglutinée par le quartz. Quoi qu'il
en soit de cette substance incluse dans
ce granit en couches, il paroît qu'elle
est plus ancienne que celui-ci; d'où il
faut conclure qu'il est, même parmi
les plus antiques granits des roches plus
anciennes les unes que les autres.

A quelque distance du chemin & inférieurement, on trouve un granit rou-
geâtre décomposé. C'est la même roche,
qui, d'un autre côté, est vive, dure &
compacte. Elle souffre donc une décomposition dans une partie de sa masse.
Dans cet état, le granit happe l'humi-
dité & s'attendrit; il durcit au contraire
quand il s'est desséché, & de toutes
ses parties constituantes le feld-spath
est celle qui souffre le plus. Le quartz
à petits grains est plus solide, quoique
attaqué dans son principe d'adhésion.

Après avoir fait plusieurs lieues dans
le pays appellé *la Montagne*, dans les

schistes argilleux & primitifs, formés
en couches, & dirigés dans leur pente
dans le même sens que l'inclinaison des
plus hautes montagnes granitiques &
primitives. Vous voyez de loin la Paroisse de Saint-Laurent-des-Bains. Elle
est située au pied des hautes montagnes,
& dans un bas-fond creusé dans des
roches schisteuses & granitiques à couches très-inclinées & presque perpendiculaires.

Le granit est composé de quartz,
feld-spath & de mica très-noir: les deux
premières parties sont en couches ondées, ce qui offre l'aspect d'une sorte
de schiste granitoïde; mais ce granit
est coupé de couches de schiste alter-
nativement; en sorte que depuis Saint-
Laurent - des - Bains jusqu'à la rivière
inférieurement, on trouve la succession
des masses & des couches dans cet
ordre.

1.° Granit de quartz, de feld-spath
& de mica, du sein duquel sort l'eau
minérale, & sur lequel s'appuient les
couches.

2. De schiste micacé.

3. De granit.

4. De schiste.

5. De granit.

6. De schiste dur, presque granitique, mais à ondes, formées de couches de feld-spath & de quartz.

7. Du schiste dont les couches sont
très-divisées.

Toutes ces couches presque perpendiculaires semblent vous conduire vers
un filon de lave basaltique, parallèle
avec elles, incliné comme elles, &
inclus dans un schiste dur de montagne;
mais comme ce filon basaltique donne
de nouvelles lumières sur la formation
des montagnes granitiques & l'excavation des vallées, je crois devoir entrer
dans quelques détails.

On connoît à Paris la petite montagne de Belleville & celle de Montmartre correspondante. Supposez que
de Montmartre à Belleville le terrain
s'est fendu, que la fente est profonde,
perpendiculaire, & large de deux pieds
& demi ; vous aurez alors en idée

une crevasse perpendiculaire sur le
sommet des deux montagnes, prolon-
gée dans la plaine inférieure ; & cette
crevasse suivra les sinuosités du terrain,
l'élévation & la dépression des monticules ; or telle est la disposition de
la crevasse qui a reçu la lave coulante
à Saint-Laurent.

A présent imaginez-vous que cette
crevasse est remplie de lave tant sur
les hauteurs des montagnes que dans
la plaine inférieure & intermédiaire,
& vous aurez un tableau parfait de
l'état actuel du filon de lave à Saint-
Laurent & de son *contenant*.

Or il faut conclure de cet aspect,
que les deux montagnes vers lesquelles
court la crevasse, n'ont pas toujours été
ainsi éloignées; car cette lave des hauteurs
auroit coulé en bas ; puisque, si dans le
filon supposé de Belleville & de Montmartre, on tâchoit de remplir toute la
crevasse d'un fluide, on convient qu'il
s'échapperoit dans la vallée intermédiaire, & laisseroit la crevasse vuide
au haut de Montmartre & de Belle-

ville, & ne la rempliroit qu'au-deſſous de la plaine & vallée intermédiaire & inférieure.

Cependant à Saint-Laurent la cre-vaſſe eſt pleine de lave tant ſur les hauteurs des montagnes oppoſées, que dans le bas-fond de vallées intermé-diaires.

Il faut donc que cette vallée inter-médiaire n'ait pas exiſté à l'époque de la fuſion du filon, mais que les deux montagnes aient formé une ſeule maſſe, ſans ſouſtraction de parties intermé-diaires ; la lave pouvoit ainſi ſe mettre en équilibre, dans cette affreuſe diſrup-tion de la maſſe des montagnes gra-nitiques.

Il faut donc attribuer l'excavation de la vallée dans cette maſſe granitique & à filon baſaltique, à l'eau courante qui a tout coupé à la longue & granit & filon : or elle l'a coupé de manière que la direction de la vallée & celle du filon forment un angle droit ; ce qui a permis au Naturaliſte de lire les faits de la nature dans le ſein même de la montagne.

Ce seul fait détruit cent systèmes sur la formation des montagnes granitiques qui n'ont pu s'élever en boursoufflures, & qui depuis leur création n'ont éprouvé aucune autre révolution que celle du tremblement de terre qui rompit les masses, forma une crevasse longitudinale, remplie de la fonte d'un volcan. Il est évident que les deux montagnes granitiques, dont les couches inclinées se correspondent, & dont le filon de lave occupe le pied comme les hauteurs, ont formé au commencement une seule masse. Elles ne se sont donc pas élevées comme une boursoufflure, puisqu'elles ne sont devenues saillantes qu'à cause de la soustraction des parties intermédiaires : & c'est ici la première preuve directe qu'on ait assignée de la formation de leurs vallées.

Quelle est donc cette cause puissante & active qui creuse de la sorte les roches les plus vives du globe terrestre, qui établit des vuides dans le vif des granits de deux à trois cens toises de profondeur, qui sillonne ces hautes masses, de vallées divergentes entr'elles, & détruit à la longue la connexion des parties les plus compactes du globe, élevant les montagnes par la soustraction d'une partie de leur masse ? Je crois avoir assez expliqué ce phénomène dans l'Histoire de la formation des vallées & des plaines. Il me reste à observer ici que le filon de lave n'est avoisiné d'aucun volcan ; ce sont les ruines de Carthage détruite & rasée de fond-en-comble, & dont il ne reste que les puits & les fondemens des édifices le plus profondément établis sous terre. L'injure & le laps des temps ont tout détruit ; toute coulée de lave a été entraînée, toute bouche saillante sur l'ancienne surface de ce sol a été effacée ; il ne reste plus de preuves de cet antique événement, que dans le filon tout autre volcan est éloigné d'ici d'environ une demi-journée de chemin, tel celui de Loubaresse ; ou de près d'une journée ; tels ceux de la montagne du côté de Pradelles.

Il est donc évident, par ces observations, que toutes les profondes vallées ont été creusées par enlèvement de parties qui a rendu les montagnes saillantes; lesquelles parties non seulement ont été entraînées, & ont formé les basses plaines des environs des mers, mais encore les appendices, les matières mouvantes, les coulées de laves. Les volcans établis au-dessus ont été la plupart entraînés & effacés de la surface de la terre, pour n'y exister ensuite que sous forme d'atterrissement. Les plus hautes montagnes granitiques, les Alpes, les hautes Chaînes Delphinales, les Pyrénées, où l'on n'a encore pu découvrir aucune véritable trace de volcans, ont donc pu, avant l'excavation de toutes leurs vallées, être hérissées de bouches ignivomes sans qu'il nous en reste aucune trace.

Cette suite d'observations nous permet d'établir un ordre chronologique dans la série de tous ces évènemens & de placer dans leur ordre respectif les excavations de terrain granitique, les filons, les granits, &c. Il faut considérer

rer d'abord comme deux faits certains
la confolidation des maffes granitiques,
& leur fculpture poftérieure en montagnes. Formées d'abord de leurs parties
conftituantes, elles furent abandonnées
à la cryftallifation du tout & quand
j'emploie ce mot : *cryftallifation de
montagnes, ou de roches*, j'entends fans
doute, ici, comme dans les autres parties de mon Ouvrage, l'adhérence refpective des parties conftituantes du granit qui acquièrent par leur cryftallifation
de la dureté & paffent de l'état de molleffe
primitive à l'état compact, à l'état
folide, que nous obfervons Il y a en effet
deux fortes de cryftallifation dans une
montagne granitique : la cryftallifation
géométrique qu'on trouve dans des fciffures des roches où il a manqué de matière folide, par difruption de parties, où
s'eft rendu en conféquence un fluide &
des extraits quartzeux des parties inter-
nes de la roche d'où font réfultées des
aiguilles de quartz à fix côtés ; & cette
autre cryftallifation du quartz par laquelle il adhère au feld-fpath, au choerl

Tom. VII. * L

&c. & réfifte à la divifion des parties.

La cryftallifation des montagnes granitiques, & des fchiftes-granit de Saint-Laurent, eft donc le premier & le plus ancien des évènemens phyfiques de cette contrée.

Le fecond phénomène, c'eft l'éruption d'un volcan dans le voifinage avec tout l'appareil qui l'accompagne, comme tremblement de terre, crevaffes perpendiculaires, &c. c'eft dans ces crevaffes larges, longues & profondes que fut reçue la lave qui vint en remplir toutes les finuofités.

Le troifième phénomène poftérieur eft l'enlèvement de toute bouche & coulée volcanique, par quelque agent quelconque. Le quatrième toujours plus récent, c'eft, après l'enlèvement de ces matières mouvantes & fuperpofées, l'excavation d'une vallée dans la maffe granitique à filon bafaltique & à couches de fchifte granitoïde : or cette excavation s'eft faite de manière qu'elle coupe à angles droits la direction du filon de lave. Il eft donc évident que le fluide à l'aide duquel la maffe granitique s'eft cryftallifée a été différent du fluide par lequel cette maffe a été déchirée de vallées & d'excavation.

On voit par ce feul expofé, comment un filon de lave dans cette roche prouve qu'il s'eft bien paffé d'évènemens dans l'ancien monde phyfique, avant la formation de la matière calcaire & autres appendices des hautes montagnes du globe terreftre. Il ne refte que quelques obfervations fur l'état actuel de ce filon de lave bafaltique & fur quelques minéraux obfervés dans le voifinage.

Ce bafalte occupe un efpace de deux pieds & demi environ de largeur, il fuit une ligne droite, dans fa direction, que j'ai fuivie l'efpace d'un quart de lieue : par-tout il a la même épaiffeur, & il fuit toujours la même ligne droite. Quand la maffe qui le renferme a été coupée, tranchée verticalement en vallée, en précipices, il l'a été auffi, il s'élève avec les montagnes, il s'abaiffe avec elles, fouvent il eft caché fous des terres, fouvent il eft faillant au-dehors de trois ou quatre pieds. L 2

Il est peu ferrugineux, très-fusible & contient du choerl.

Il est divisé en prismes : ces prismes ne sont pas parallèles aux parois du filon ; au contraire ils les coupent à angles droits.

Enfin supposez ce filon anéanti, & réunissez en esprit ses parois, vous retrouverez l'ancienne contiguité des parties ; car où vous voyez une partie saillante, vous trouvez sa place dans la partie rentrante opposée du filon.

Mais jusqu'à quelle profondeur terrestre parvient le filon ? Cette question ne peut être décidée que par analogie. Représentez-vous donc, 1°. que le filon s'étend bien au-delà d'un quart de lieue ; que cette crevasse longitudinale a été formée par soulèvement souterrain de l'énorme masse granitique ; que par conséquent le fond doit aboutir au feu souterrain volcanique, qui par ses forces expulsives a rompu les masses : ainsi ce filon a pu être rempli de lave de deux manières, ou par la chûte supérieure d'une lave vomie de la surface de la terre

& en forme de coulée dans cette crevaffe longitudinale, ou en manière de
fontaine qui monte de bas en haut.

Ne foyons donc point furpris fi nous
trouvons dans cette contrée une fource
d'eaux thermales dont le degré de chaleur à la fource eft de 42 degrés, car
elle eft voifine, 1°. d'un volcan, 2°. elle
eft dans un pays profondément creufé de
vallées, 3° la roche granitique du fond
de cette vallée eft compofée de couches
perpendiculaires. 4°. Il fe trouve dans
cette vallée un filon de lave qui s'en-
fonce profondément. L'eau qui fort de
ces profondes concavités par des canaux ou filons perpendiculaires peut
s'échauffer & devenir légèrement ful-
phureufe, &c. &c, & remonter par le
chemin le plus court vers la furface de la
terre. C'eft la meilleure théorie que je
puiffe donner de la chaleur de ces eaux
qu'on trouve affez communément dans
les pays volcanifés, car dire qu'il y a
là-bas fous les maffes de granit & de
quartz, des amas de matières végétales,
des pyrites enflammés, ou en effervef-

L 3

cence, c'est renoncer aux premiers élé-
mens de l'histoire naturelle des montagnes granitiques.

Pour trouver le filon de lave, il faut
descendre de Saint-Laurent, suivre le
cours du ruisseau à travers des précipices, ne pas perdre de vue le fond de
la vallée, où les roches lavées par l'eau
courante sont toutes nues. A cinquante
pas avant d'arriver au ruisseau & à la
vallée qui est à gauche, vous trouvez le
filon de lave très-peu remarquable
quand il est vu de loin.

Au-dessus on voit, sur la montagne
près du grand chemin, & à côté d'une
croix, une coupe de la montagne faite
par les entrepreneurs de la Province
pour diriger la route par ce sen-
tier étroit. Cette excavation de main
d'homme a mis au jour bien des minéraux différens; j'y ai recueilli du spath-
phosphorique avec ses crystallisations
connues en grandes masses, quelques
crystaux de spath cubique entre des
crystaux de quartz, des fausses amétis-
tes peu dures, crystallisées sur des crys-

taux de quartz; & des quartz dans des espèces de geodes carrées. Ce dernier objet ayant été montré à divers Naturalistes, on a cru que dans cette sorte de
géode en carré long, il y avoit eu un
feld-spath ainsi cristallisé, détruit par
quelque agent chymique, & remplacé
par un fluide quartzeux dans son moule
intérieur.

Telle est la description du pays d'Argentière, & de divers endroits du voisinage, que j'ai observés en étudiant sa
topographie : ce qui reste d'observations
remarquables sur cette Ville se trouvera dans les Volumes suivans. Son
Histoire civile plus détaillée est comprise
dans celle du Vivarais dont je m'occupe,
& que je vais retoucher pour la dernière
fois.

Fin de l'Histoire Naturelle de la Ville
  de l'Argentière, des voyages dans les
  environs, & du septième Volume de
  l'Histoire Naturelle de la France mé-
  ridionale.

TABLE
DES MATIÈRES.
De l'Histoire Naturelle de la Ville de l'Argentière.

pendiculaire des montagnes de Saint-Laurent : ce filon eſt rempli de lave baſaltique ; il eſt éloigné d'une demi-journée du chemin du volcan de Lou-bareſſe qui eſt le plus voiſin , & d'une journée de tout autre volcan à bouche conique & à coulées : le filon de lave de Saint-Laurent démontre que les val-lées , dans le monde granitique , ſont formées par ſouſtraction de partie : il démontre que les hautes montagnes ont pu être hériſſées de volcans dont les eaux ont entraîné les monumens externes , & délaiſſé les filons de lave inclus dans la roche ; antiquité de ces évènemens naturels, *page* 140

De l'Imprimerie de L. JORRY , Libr.-Impr. de Mgr. LE DAUPHIN , rue de la Huchette.

APPROBATION.

J'AI lu, par ordre de Monseigneur le Garde des Sceaux, un manuscrit intitulé : *Histoire Naturelle de la France méridionale, Tome septieme, contenant l'Histoire Naturelle de l'Argentiere, &c* par M. l'Abbé GIRAUD-SOULAVIE. Cet Ouvrage, qui renferme les recherches & observations que l'Auteur a faites sur la Minéralogie dans une petite partie de notre globe, feroit desiroit de pareilles entreprises pour la totalité, exécutées avec autant de clarté, de précision & méthode. Ces variétés & ces changemens arrivés sur la surface du globe, ne peuvent qu'inspirer de l'admiration au Lecteur dans ces révolutions de la nature qui résultent des loix établies par son Auteur ; &, comme rien ne peut mieux en démontrer la grandeur & la puissance, je crois que l'impression de cet Ouvrage ne peut être que très-utile. A Paris, ce 6 Mars 1784.

ROBERT DE VAUGONDY , Censeur Royal.

SUITE

SUITE

De la seconde Lettre écrite par M. l'Abbé
Roux, Prieur de Fraiffinet, à M. l'Abbé
Soulavie, sur l'Histoire Naturelle du
Vivarais, la Géographie Physique, les ré-
volutions arrivées à la surface du globe, &
les époques de la nature.

SUITE DU SOMMAIRE.

§. XXI. *Description & théorie des
cubes de Ruoms dans le système de
M. Roux.* XXII. *Description de
quelques filons de montagnes; matières
étrangères, granitiques & volcaniques
contenues; que la mer n'a point ap-
porté dans ces réduits ces déblais étrangers; considérations sur les déblais des
hautes montagnes & sur la matière que
leurs vallées ont perdue.* XXIII. *Di-*

Tom. VII.   A

la description, & que je ne puis m'empê-
cher d'admirer, ces cubes rongés vers leur
fondement, inexplicables, tant par le
moyen des eaux pluviales, que par celles
de la mer, deviennent très-faciles à expliquer dans le système des inondations

A 2

cubes se trouvent aussi vers le confluent de ces trois grosses rivieres; les eaux auront fait des tourbillons, comme il arrive ordinairement vers tous les confluens des rivieres, & passant en tournant entre les fentes, qui se trouvent presque toujours à la roche calcaire, auront affoibli, par le froissement des pierres qu'elles traînent, ces colonnes vers le fondement, & voilà ce phénomene expliqué. Si ces cubes s'étoient formés par les eaux pluviales dans le temps que cette matiere étoit encore vaseuse, elle auroit coulé dans ces lacunes & les auroit comblées, & l'on ne verroit pas certains de ces cubes renversés sans avoir perdu leurs formes. D'ailleurs, dans le système qu'on a supposé de la mer, ses eaux se retirent trop lentement, pour qu'on trouve cette régularité des cubes dans un si grand espace de terrein.

XXII. Dans mon système, vous ne serez pas surpris de trouver les fentes des rochers calcaires du sommet des montagnes de Bidon, remplies en certains endroits de déblais calcaires, gra-

nitiques & volcaniques: mais qu'on explique pareille chose par les eaux de la
mer. Ces fentes ne sont faites que par
le retrait de la matière. Ce retrait de la
matière n'a pû se faire qu'après le retrait
des eaux de la mer, lorsque la matière
se séchoit, les eaux de la mer ne peuvent
donc pas y avoir mis ces déblais, puisqu'elles s'étoient retirées. Qui peut donc
avoir porté entre les fentes, sur ces
montagnes calcaires, éloignées de six ou
sept lieues de tout rocher granitique &
volcanique, les cailloux de ces différentes matières, & cela malgré les profonds vallons qui se trouvent de part &
d'autre, qui coupent la communication
du calcaire avec tout pays de granit &
de volcan?

    Dans ce systême, vous ne serez plus
non plus surpris de trouver au-dessous
de la gorge de l'Escrine des pierres calcaires, volcaniques, granitiques, des
coquillages de toute espèce, des arbres
renversés & pétrifiés avec des déblais de
toute sorte de matière. Mais cela même,
& dans la plus grande confusion: il

n'est pas nécessaire pour expliquer tout
cela, & ce qu'il y me paroît d'avoir recours à des feux souterreins, à des
tremblemens de terre. Comment un
arbre tout entier auroit-il été enfoncé
avec toutes ses branches, plus de trois
toiles dans la terre, avec le ébou-
lement tout à la fois de toutes ces pierres
differentes? Mais quand tout cela se
rencontreroit, la plus grande difficulté
resteroit toujours, car je demanderois,
qu'est devenu le terrain qui devoit
remplir cette gorge jusqu'au niveau du
sommet des montagnes voisines atta-
chées par leur pied, & de la hauteur au
moins de trois cens toises? Qu'est devenu la terrein qui devoit remplir le
large & profond vallon de Saint-
Etienne qui répond à cette gorge, &
qui a dû être aussi élevé que le sommet
de ces montagnes, quoiqu'elles soient
aujourd'hui plus de six cens toises au-
dessus du fond de ce vallon? Parce que,
sans cette supposition, le baslte dont
sont composées ces deux montagnes,
qui s'élève colonne sur colonne per-

A 3

pendiculairement jufqu'aux nues auroit coulé, comme je l'ai dit, & dans la gorge, & dans le vallon.

L'on ne peut pas fuppofer que tous ces endroits fi élevés où l'on voit aujourd'hui ces volcans, fuffent des montagnes au temps de l'éruption de ces volcans. L'on doit au contraire fuppofer que ces lieux étoient des vallons. Parce que la loi des fluides veut qu'une coulée de laves parcoure les vallées profondes, comme les volcans de Thueitz, Jaujac, Burzet & Entraigues qui ont voulu après l'excavation des vallons, ils en ont tous fuivi les fonds, & comblé les anciennes rivieres qui y couloient dont on commence aujourd'hui de revoir le lit dans plufieurs endroits où les nouvelles rivieres qui ont coulé fur le volcan ont fait des excavations. Il faut encore moins fuppofer que ces fluides fe foient foutenus fur la crête de ces montagnes formant de part & d'autre comme une efpece de rempart élevé pendiculairement jufqu'aux nues fans couler ni de part ni d'autre.

Voilà bien des raisons qui me semblent prouver ces inondations jusqu'à la
démonstration ; il y en a encore une
infinité d'autres que les occupations de
mon ministère ne me permettent pas de
rapporter aujourd'hui.

XXIII. L'on pourroit m'objecter
que s'il y avoit eu des inondations si
extraordinaires depuis le déluge universel, l'histoire en feroit foi ; mais il
n'est pas difficile de répondre à cette
difficulté : 1°. ce pays n'étoit pas habité
dans ce temps-là ; 2°. quand il l'auroit
été, ce ne pouvoit être que par une espèce de Sauvages ; 3°. l'histoire parle du
déluge d'Ogygès, Roi d'Ogygie, arrivé
600 ans après le déluge universel. 1748
ans avant J. C. elle parle encore du
déluge de Deucalion, Roi de Thessalie,
arrivé 248 ans après celui d'Ogygès.

Ce qui est arrivé dans ce pays ne
peut-il pas être arrivé dans d'autres ?
Est-il dit même que ces déluges fussent
limités dans ce pays-là ? Ceux dont parle
Ovide & Horace, le premier disant *que
la terre en resta bourbeuse,* & l'autre *que*

les d...
...
déluges pour résoudre certaines difficultés... nous fournissent les différentes îles de la mer, habitées presque
toutes par des hommes & par diverses
sortes d'animaux, selon que les différens
climats où elles sont situées, & cela
quelques éloignées qu'elles soient de
notre continent. Comment ces îles ont
elles pu se peupler ? ...
vention de la chose, j'ai remarqué que
les vaisseaux qui se sont écartés, ...
bords ... Dira-t-on que ...
par des vaisseaux que la tempête a
écartés, & qui ... dans ces îles ?
Mais est-il vraisemblable que tous les
vaisseaux portassent des femmes ? Y a-t-il
la moindre vraisemblance qu'ils portassent
sept ou huit sortes d'animaux mâles &
femelles, tant domestiques que sauvages,
qu'on retrouve dans ces îles selon leurs
différens climats ? En porteroient-ils
pas encore ... ?
Par le moyen de ces déluges l'année

pond aisément à cette difficulté. La
grande quantité de matière, comme de
terres, de pierres, de débris de toute
espèce que l'eau aura tirés de cette multitude de grands vallons qu'elle aura
creusés, de tant de montagnes qu'elle aura
abaissées, & de tant d'autres qu'elle aura
totalement emportées, & où elle aura fait
des plaines à leur place, n'aura pas manqué de faire gonfler les eaux de la mer, de
leur faire occuper les endroits des plus
bas de la terre, de là se seront formés tant
de golphes qui s'étendent si loin dans la
terre, de là tant de presqu'îles, & les
presqu'îles anciennes seront devenues
des îles à peut-être notre continent aura
t-il été par ce moyen séparé, &c. Amène-
t-il pas eu Ovide des parlé-t-il pas de ces
terres éloignées, séparées de notre
continent par l'irruption des mers?
& M. de Buffon ne tâche-t-il pas de
prouver par la situation & la forme
des deux continents, qu'ils n'étoient
joint-là anciennement? ne prouve-t-il
pas encore que l'Angleterre tenoit au
continent à la France? Cela se dé-

combre par les différens bancs de rochers
& les diverses couches de terre de la
même espèce que l'on voit à bord & à l'autre
bord qui se répondent mutuellement :
ils en . De savans Auteurs ont
reconnu l'effet de ces inondations sans
en reconnoître la cause, lorsqu'ils ont
prétendu que l'Océan étoit entré par le
détroit de Gibraltar, & après avoir rompu
par sa rage cette barrière qui ne lui
résistoit auparavant, & avoir formé
toutes ces mers , ces mêmes
Mais je voudrois demander à ces Auteurs,
qui a donc formé en-deçà du détroit le
grand bassin qu'occupe la méditerranée . Où passoient tant de rivières & tant
de si grands fleuves , qui se jettent aujourd'hui dans la mer, si le détroit de
Gibraltar étoit fermé ? si
de ces inondations , ils auroient trouvé la cause de
celles , & sans tomber dans les
de contradictions qu'ils auroient dit que
le détroit qu'occupe à présent la méditerranée , étoit le plus grand du monde
l'univers , puisqu'il devoit recevoir dans

fond cours, avant que d'arriver dans
l'océan, tant de rivières, & un si
grand nombre de fleuves les plus puiſ-
ſans, que ce grand fleuve avoit d'abord
creuſé ſon lit à l'endroit où eſt la méditerranée, ſouvent le détroit, & qu'au
temps de ces grandes inondations, il
avoit creuſé & élargi davantage & le
baſſin & le détroit, juſqu'à ce que
l'océan extrêment enflé de différentes manières que les eaux y entraînoient
toutes parts, ces mêmes eaux avoient
reflué dans ce grand baſſin où eſt la
méditerranée, & l'avoient rempli. Ce
ſont, ſans doute, ces inondations qui
auroient rendu l'endroit où eſt bâti Gibraltar ſi propre à une forterſſe, en em-
portant de terre où les rochers qui joi-
gnoient celui ſur lequel eſt bâtie cette
ville ; car l'on voit bien que ce rocher
avoit une matière ambiante de la même
eſpèce que lui, ou d'une ſpèce différente,
ſoit qu'il ſoit volcanique ſoit calcaire
comme il eſt clair, ſi il eſt volcanique, la matière en fuſion ſuit la loi des fluides, & ſe
amet de niveau avec celui qui eſt autour, ſi

ce rocher est calcaire, il est également évident qu'il devoit avoir une matière ambiante, parce qu'alors l'on suppose qu'il
a été en état de vase, & par conséquent
une matière molle & fangeuse dans le
temps qu'il étoit en cet état de vase.

Dans ce cas où la mer s'est retirée
tout d'un coup, ou peu à peu, si elle
s'est retirée tout-à-coup, comment cette
matière molle & fangeuse a-t-elle pu
se soutenir ainsi, formant des précipices
à pic, sans s'écrouler ? Peut-on même
supposer que la mer ait pu ramasser &
soutenir en cette forme une matière de
cette espèce, malgré ses agitations con-
tinuelles & ses forces dissolvantes ?

On veut que la mer devaste les rochers de lave les plus durs, & malgré
leur solidité & leur lourde masse, les
emporte ; & elle n'aura pas la force
d'écrouler & de dissiper une matière
molle & fangeuse, formant des précipices à pic, de façon qu'on ne conçoit
pas même comment elle pourroit se soutenir en cet état, quand elle ne vien-
droit heurter contre elle. Ce rocher est

Si l'on suppose que la mer s'est retirée peu-à-peu, la difficulté reste toujours la même. L'on pourra toujours demander comment cette matière molle
& fangeuse a-t-elle pu se ramasser &
se soutenir ainsi en forme de rempart
au milieu de l'agitation des eaux? Dans
ce cas la difficulté augmente, parce que
la mer se retirant peu-à-peu, ses eaux
sont venu battre plus long-temps contre
la base de ce rocher, qui a dû rester
molle & fangeuse pendant tout le temps
qu'elle a été dans l'eau, parce qu'on
suppose que cette matière n'a pu se dur-
cir qu'en se séchant, elle n'a pu se sécher
que lorsqu'elle a été hors de l'eau, n'est
en se séchant qu'on suppose que le retrait
s'est fait, c'est par le retrait que
les couches horizontales & les fentes
perpendiculaires se sont formées, de là
je conclus que le rocher de Gibraltar, soit calcaire ou volcanique, a eu
une matière ambiante, ou de la même
espèce que celle dont il est composé,
ou d'une espèce différente, & que si
ce rocher est calcaire, ce n'est pas la

mer, qui a emporté cette matière ambiante, parce que dans ce cas le rocher,
étant une matière molle & fangeuse,
n'auroit pu se soutenir ainsi à pic; & que
les rochers calcaires qui sont dans la mer,
soit qu'ils soient tout couverts d'eau,
soit que leurs sommets paroissent au-
dessus des eaux, ont été un temps hors
de la mer; sur-tout si dans la partie qui
est encore dans l'eau, il se trouve ou fentes verticales, ou couches horizontales.
Sans cette supposition il faudroit dire
que sur leur base & tout ce qui est dans
l'eau seroit encore une matière molle
& fangeuse, sans remuer, & de là les
fentes perpendiculaires & couches horizontales, & incapables de soutenir si
long-temps les chocs de la mer. DE-là
une nouvelle preuve que des inondations
extraordinaires ont emporté cette matière ambiante, creusé de profonds
vallons à la place, entraîné cette matière dans le sein de la mer? que cette
mer, recevant toute cette matière, s'est
élevée, qu'est venue remplir ces vallons
de sel & d'eau, & a environné ces rochers

qui auront resisté à ces inondations, comme celui de la plaine d'Avignon, de Pierrelate, & tant d'autres qu'on voit s'élever
au milieu des vallons & des plaines: n'a-
t'il pas lieu. Dira-t-on que toutes cette eau n'a pu remplir le bassin de la mer à cause
de sa vaste étendue? mais avant l'arri-
vée de cette grande quantité d'inha-
bitans de toute espèce, entraînés dans
son sein, ne devoit-elle pas être moins
étendue qu'elle l'est aujourd'hui? Peut-
être qu'alors la terre étoit aussi, ou
même plus étendue que la mer: il parce
que dans ce systême l'une aura gagné
du terrein, & l'autre en aura perdu: la
mer s'en étendant sur la terre aura
gagné le terrein que la terre aura perdu.
Est-il rien de plus naturel que tout cela,
& en même temps de plus propre pour
expliquer comment toutes les îles se
trouvent habitées & peuplées de toutes
sortes d'animaux selon leurs différens
climats? Ces îles se trouvant avant ces
grandes inondations qui nous fait tous
ces grands changemens que nous voyons
sur le globe, jointes avec le reste du

continent, se sont trouvées enveloppées
par les eaux de la mer gonflée par la
grande quantité de matières que ces
inondations y avoient entraînées, & les
hommes & les animaux de toute espèce,
tant domestiques que sauvages, les utiles & les nuisibles, s'y sont trouvés enfermés : ainsi cette difficulté inexpli-
cable dans tout autre système disparoît
dans celui-ci.

XXV. Dans ce système d'ailleurs on
donne une interprétation simple & naturelle aux passages de la Genèse, qui
fixent l'époque de la création à six mille
ans. La Vulgate rend le mot hébreu par
celui de *jour*, tandis que les Auteurs
de ce système disent qu'il ne signifie
pas un *jour*, mais plutôt *temps, époque,
intervalle*. Je veux que dans un autre
endroit ce mot hébreu ait cette signification : il paroît qu'il ne l'a pas dans
tout ce chapitre de la Genèse, où ce
mot est répété sept à huit fois (1).

_____

(1) Il est de foi que le mot *dies* est pris
dans le second Chapitre de la Genèse, pour un
espace de temps & non pour un *jour*, quand il s'a-
                                                    dans

sans doute que, dans le temps que Moïse vivoit, on entendoit ce mot dans le même sens qu'il l'entendoit lui-même; & comment peut-on supposer qu'on n'a pas continué d'entendre un mot si commun, dans le même sens qu'on l'entendoit alors? Veut-on mieux entendre l'hébreu que les Hébreux eux-mêmes? Tels étoient les Septante qui traduifirent l'hébreu en grec; d'ailleurs ce mot n'a pas d'autre signification, lorfqu'il est employé dans ce chapitre après le quatrième jour, époque de la création du soleil, que lorsqu'il est employé pour marquer le premier, le second, & le troisième jour qui précédèrent cette époque, puisque Moïse se sert toujours de la même façon de parler : *factum est vespere & mane dies unus,*

l'orien sacré dit : *ista sunt generationes coeli & terrae quando creata sunt in D I E quo fecit Deus caelum & terram & omne virgultum,* &c. Gen. Ch. II; mais il n'a pas été décidé que les mots *vespere & mane DIES UNUS* signifient un jour de vingt-quatre heures de durée. L'Eglise n'a point condamné le sentiment de Saint-Augustin sur cet article, ni celui du Jéfuite Needham, ni celui de tant d'autres. (*Note de l'Editeur de la Lettre*).

factum est vespere & mane dies secundus, &c. Et Moïse a-t-il jamais entendu, après la création du soleil, ou après le quatrième jour, autre chose que l'espace de vingt-quatre heures ?

Voilà, Monsieur, le raisonnement que j'ai fait à l'occasion de ce lit de rivière que nous avons trouvé sur nos hautes montagnes, & qui fut comblé par les coulées du volcan, & à l'occasion du système si ingénieux que vous avez inventé pour expliquer les changemens si extraordinaires qui sont arrivés sur le globe depuis sa formation, & si difficiles à expliquer dans tous les systêmes qui ont paru jusqu'à vous.

XIX. Je reviens à mon point de vue, la création de l'homme même, selon nous il ne va pas au-delà des six mille ans, quoique vous prêtiez déja donner au globe une haute antiquité. Le déluge universel est encore plus récent de mil six cent quarante-deux ans; ce lit de rivière, assis sur des traces de la mer, est encore plus récent que le déluge : le volcan qui combla ce lit, est encore

B 2

plus récente la profondeur du lit que
cette rivière s'étoit déjà creufé, lorfqu'il fut comblé par le volcan, fuppofé
même que le volcan eft plus nouveau
de plufieurs fiécles que cette rivière.
Les larges & profonds Vallons qu'on
y voit, l'efpace de quatre groffes lieues,
de long du bord méridional de cette rivière, font encore plus récens, parce
que, pour faire couler l'eau de cette
rivière, & la matière du volcan qui la
combla, d'occident en orient, au lieu de
ces vallons plus bas qu'elle, de plus de
quatre cens toifes, il falloit au contraire
un terrein qui fût plus élevé que ce lit;
la nouveauté de ces vallons, leur forme,
leur largeur, leur profondeur, & la len-
teur avec laquelle les rivières creufent,
& les eaux de la mer diminuent, fi
toutefois elles diminuent, m'ont fait
conclure que ces profonds & larges vallons n'ont pu être formés ni par les
courans de la mer, ni par les eaux des
rivières, en fuppofant les inondations
telles qu'elles arrivent communément
de nos jours. De là j'ai tiré une feconde

B 2

conséquence, qu'il a fallu une autre
cause, telle que celle des déluges particuliers semblables à ceux qui arrivèrent
du temps d'Ogygès, Roi d'Ogygie, &
de Deucalion, Roi de Thessalie, dont
parle l'histoire, si toutefois ce ne sont
pas les mêmes que ceux-là.

Ce qui m'a confirmé dans cette conséquence, ce sont quantité de pierres
calcaires & granitiques roulées, trouvées sur la montagne du Coiron volcanique, formée depuis que les eaux de
la mer se sont retirées : des pierres volcaniques & granitiques roulées, trouvées sur les montagnes calcaires, quoique distantes de sept à huit lieues, &
séparées par les plus profonds vallons
de toute région granitique & volcanique. Ces pierres granitiques & volcaniques roulées, trouvées sur-tout parmi
toute sorte de déblais, dans la grotte
calcaire de vallon si élevée, & dans
les fentes des rochers des hautes montagnes calcaires de Bidon, fentes
démontrées faites depuis que les eaux
de la mer se sont retirées : des pierres

roulées de toute espèce, trouvées
en grande quantité, sur-tout sur
les montagnes qui sont le long des
rivières, quelque élevées qu'elles soient
au-dessus du niveau du lit de ces
rivières : les lits des rivières tant
petites que grandes, creusés très-pro-
fondément à travers les rochers les
plus durs, qui cependant se comblent
aujourd'hui par les inondations ordinaires : de grandes gorges qu'on trouve
à chaque pas sur la crête de nos plus
hautes montagnes, quoiqu'il soit évident qu'autrefois le fond de ces profondes gorges étoit de niveau avec le
sommet des hautes montagnes, qui font
leurs côtes latéraux, puisqu'elles se trouvent à travers le rocher de lave & de
basalte souvent perpendiculaire : les
profonds vallons qui répondent toujours à ces gorges, où ils prennent leur
commencement : la proportion de ces
vallons avec ces gorges, plus grands
ou plus petits, à mesure que ces gorges
le sont aussi, ou qu'il y a plus ou moins
de gorges qui répondent au même va-

lon : la régularité de ces vallons à l'endroit où ils vont joindre ces gorges, uni pour l'ordinaire, s'il n'y a qu'une gorge correspondante ; triangulaire, s'il y en a deux ; & en forme de grand puits, s'il y a plus de deux gorges correspondantes ; les volcans qu'on voit dans la plupart de ces gorges, tous dévastés, leur basalte emporté, ceux qui sont dans les vallons du tour du Coiron encore plus dévastés & plus pelés ; la roche d'Aps, volcanique, d'une grosseur & d'une élévation prodigieuses, pesant plus de 3,000,000 de quintaux & sur laquelle l'on voit encore le reste d'une forteresse, arrachée, entraînée de sa place, dressée perpendiculairement, posée comme sur un piédestal sur un de ses côtés latéraux ; de sorte que ce qui étoit autrefois sa base & son sommet, fait son côté latéral, tandis que ce qui faisoit ses côtés latéraux, fait aujourd'hui sa base & son sommet : des montagnes les plus élevées, démontrées avoir été autrefois les plus profonds vallons, puisqu'on y voit les lits des plus grandes

rivières, & ces lits comblés des coulées
de lave, & de basalte de deux cens
toises d'épaisseur, & les vallons quelquefois profonds de plus de six cens
toises qui sont de droite & de gauche
à leurs côtés, démontrés avoir été des
montagnes aussi élevées que ces lits,
& que ces montagnes de lave qui sont
dessus ces lits, puisqu'à la place de ces vallons si profonds devoient être les bords
de ces lits, qui pour retenir ces deux
fluides, l'eau & la lave, devoient être
aussi élevés que l'un & l'autre fluides.
Tout cela est arrivé depuis que les eaux
de la mer se sont retirées, puisque c'est
depuis le volcan, & que le volcan est
arrivé après que la mer se fut retirée,
puisqu'il a couvert de ses laves des
traces de la mer. Voilà Monsieur une
partie des preuves qui m'ont confirmé
dans cette conséquence des inondations que les côtés lateraux, fait aujourd'hui.

De ces inondations affreuses qui
auront abaissé quantité de montagnes
& creusé cette multitude innombrable
de vallons qu'on voit par toute la

terre, fuit le comblement des mers,
l'abaiffement de leur rivage, d'élévation
de leurs eaux, l'inondation de la terre
dans les endroits moins élevés. De là
la formation de différens golfes, des
îles, des prefqu'îles : de là auffi plus
de difficulté pour expliquer comment
les îles les plus éloignées de notre
continent fe trouvent peuplées d'hommes & d'animaux de toute efpèce.

Or cette ancienne rivière fuppofée
& fon lit affis fur les traces de la mer,
toutes ces conféquences fe fuivent de
fuite ; mais peut-on nier l'un ou
l'autre ? je ne demande que la vérifi-
cation : il n'eft rien de plus clair dans
le monde que ces deux faits. D'abord
la rivière eft affife fur les traces de la
mer, puifqu'on trouve fous fon lit toutes
fortes de pétrifications & des coquillages de toute efpèce. Que ce foit une
rivière, l'on ne fauroit s'y méprendre,
l'on fuit le bord de fon lit, qui eft du
côté du midi, depuis Saint-Laurent jufqu'au Theil, c'eft-à-dire, l'efpace de
quatre lieues, l'on en mefure la largeur

dans différens endroits où les rivières
qui viennent du nord & qui le croisent,
ont creusé & emporté le rocher de
lave & de basalte qui le couvre. Ces
amas immenses de cailloux qu'elle rou-
loit, d'une espèce de pierre, qu'on ne
voit pas du tout dans cet espace de
quatre lieues, mais qu'on trouve à quelques lieues de Saint-Laurent, à son
couchant, d'où venoit cette rivière,
& dans Ardèche que j'ai prouvé être
une de ces rivières qui formoit celle-
là, ces mêmes cailloux moins gros &
plus ronds, à mesure qu'on s'éloigne de
sa source, des ossemens qu'on a trouvés
en matière parmi ces cailloux, en tirant
du sable de dessous ce grand rocher
qui la couvre dans toute sa longueur:
tout cela ne prouve-t-il pas évidemment
le fait? Autre preuve encore plus évidente, ce premier lit étant comblé par une
coulée énorme de lave & de basalte,
cette rivière se fit un second lit sur
cette lave qui avoit comblé le premier,
& y laissa des amas prodigieux de cail-
loutage de la première espèce.

Voilà, Monsieur, les réflexions très

tous ces faits divers & unis avec [...]

différence que la pénétration de votre

[...]

J'ai d'autant [...]

vous auriez fait des réflexions [...]

bles, & que vous auriez [...]

brassé mon système, [...]

je ne fais [...]

[...]

difficultés [...]

[...]

[...]

ce pays, vous serez [...]

qui, jointes avec celles que je rapporte, & à bien d'autres que j'ai faites
même, il vous avez vû dans ce sens
mais que je n'ai pas rapportées, n'ayant
pas le temps de les développer, feroient un ensemble qui feroit une démonstration de ce système la plus com-
plette qu'on puisse exiger en matiere
de Physique. Personne ne feroit plus
empressé de vous y voir que moi, parce
que personne ne vous y est plus attaché.

J'ai l'honneur d'être, &c.

J'ai d'autant plus lieu de croire que
vous aurez fait des réflexions semblables, & que vous aurez combat-
trasé mon système, que j'ai vû dans
je ne fais combien d'endroits, en lisant

N O T E.

Les deux premiers Volumes de l'*Histoire Na-*
turelle de la France méridionale n'ont été publiés
qu'à la fin de 1786; cependant ils font cités dans cette
lettre datée du mois de Mai précédent : c'est que
ces deux Volumes, déjà imprimés dès le commencement de 1786, furent envoyés à M. l'Abbé Roux,
& il les eut plusieurs mois avant leur publication.
Je dois rapporter ici deux inconvéniens qui ont
suivi ce retard.

1°. l'Académie des Sciences, qui avoit accordé
son Approbation & son Privilege à cet Ouvrage,
avoit exigé que deux Chapitres sur la création &
sur la physique de Moïse ne feroient point dans l'Ou-

vrage qu'elle approuvoit ; si jamais le Public en avoit connoissance, ce Privilège devenoit nul. L'Académie n'approuvoit ni ne condamnoit ces Chapitres ; mais comme son institut n'a pour but que des objets physiques, elle ne peut accorder des Privilèges pour des objets étrangers . . . . . . un de ces Critiques, qui font des Ouvrages pour venger, disent-ils, *la majesté de la révélation*, ayant eu communication de ces deux Volumes avant leur publication, a pourtant cité dans ses critiques ces Chapitres supprimés, & annullé, par le fait, le Privilège de mon Livre. Pour n'être point compromis envers l'Académie des Sciences, je dois déclarer ici que le Critique m'avoit promis de me rendre ce Volume ; il a appellé *malhonnête* tout procédé qui feroit connoître au Public ces Chapitres supprimés ; & il a promis & confirmé tout cela par écrit : il a cependant manqué à sa parole ; & quand je me suis plaint de sa critique qui cite ces Chapitres, il a bien eu l'audace de répondre dans un Journal, *qu'il avoit oublié cette suppression*, & qu'il ne m'avoit critiqué dans ces articles que pour favoriser mes opinions, & les disculper en quelque sorte : jamais je n'ai voulu nommer l'auteur de ce procédé.

Le second inconvénient causé par la communication de mon Livre avant sa publication, c'est qu'un Ecrivain a publié le plan d'une espèce de Géographie Physique dont les principes étoient énoncés dans cet Ouvrage avant sa publication ; & comme on a imprimé les lettres de M. Roux, datées du mois de Mai, qui citent ces principes, il prétend que ces dates sont fausses ; il veut être appellé premier Auteur d'un travail cité dans ces lettres, & affecte d'oublier qu'il les a lûes & conservées, & beaucoup loüées en me les rendant.

Averti par M. de Gr. Seigneur du Vivarais, M. l'Abbé Roux a été justement offensé de la prétention de cet Auteur que je ne nomme pas, & qui, pour s'approprier un travail, m'accufoit d'avoir *anti-daté la lettre* : ce refpectable Eccléfiaftique n'a pu fe re-fufer de reconnoître la vérité de fes dates & de fes lettres, par un aveu qu'il eft néceffaire d'expofer ici pour en établir l'authenticité. M. Roux eft Prieur-Curé dans les montagnes volcanifées du Coiron ; il vit encore : il reçoit avec bonté & intérêt tous les curieux de la nature, que les Sciences conduifent chez lui, & jouir de la confidération qu'on doit à un homme de bien & d'honneur, & à un homme éclairé qui écrit fi bien fur l'Hiftoire Naturelle de fa patrie.

« Je fouffigné, Curé de Fraiffinet en Coiron, dé-clare que M. l'Abbé Soulavie eft venu plufieurs fois en Coiron, qu'à la fin de 1779, il eft paffé de nou-veau, qu'il m'a expofé l'enfemble de fon fyftême de vive voix fur l'excavation des vallées, fa méthode de déterminer l'âge de nos montagnes par les vallées ; & en même temps, qu'il m'a dit fon fentiment fur le nombre d'années qu'il croit avoir été néceffaire pour que les eaux courantes des rivières, délayaffent ou entraînaffent la matière qui rempliffoit autrefois le vuide de nos vallées du Coiron, fur lequel fyftême qu'on m'a été propofé de vive voix, m'étant propofé de faire des objections, M. l'Abbé Soulavie me fit ré-ponfe que, voyageant dans nos montagnes, pour le progrès de l'Hiftoire Naturelle, & non pour établir des erreurs, il fe feroit un honneur, & un devoir d'inférer dans fes Ouvrages toutes critiques, promeffe qu'il a tenue en publiant ma lettre dans fon Tome VI, où il dit, page 282, que *plus jaloux de la découverte de la vérité que de fon opi-nion, il defire que le Public obferve comment on peut confidérer fous plufieurs faces les mêmes objets.* Je reconnois la vérité de mes lettres, de mon feing & de leur date. A Fraiffinet en Coiron, ce 2 Janvier 1784. Roux » fignée. «

Avent par M. de Gr. » fignée. « X

M. l'Abbé Roux a été juftement offenfé de la pré-tention de cet Auteur que je ne nomme pas, & qui

TROISIEME LETTRE

De M. l'Abbé ROUX, à M. l'Abbé SOULA, sur la Géographie Physique, les révolutions arrivées à la surface de la terre, & les époques de la nature.

SOMMAIRE.

I. *Vues de l'Auteur sur l'étude de l'Histoire Naturelle ; souhaits qu'il fait pour que les Naturalistes succedent aux Encyclopédistes.* II. *Il en fait une récapitulation de sa méthode de Géographie Physique ; il adopte les fins établis dans les premiers Volumes de l'Histoire Naturelle des Provinces méridionales.* III. *Position géographique du terrein volcanisé ... IV. Essai ... miné sulphureux dans le voisin ... volcanique ; effet de la pluie ...*

chaleur du soleil sur les matières sul-
phureuses ; suite de la disposition de
quelques volcans.

I. Vous demandez mon sentiment,
1°. au sujet de votre carte du Vivarais
enluminée selon la distribution naturelle des terreins granitiques, calcaires
& volcanisés, & sur les descriptions
que vous avez faites de nos montagnes;
vous me faites beaucoup d'honneur,
mais le sentiment d'un Curé de campagne, Monsieur, qui n'est jamais sorti
du milieu des rochers, des volcans où
il est né, ne peut pas être d'une grande
autorité. Tout ce que je puis vous dire,
c'est que je trouve l'un & l'autre bien
faits. Pour ce qui est de votre *Histoire*
Naturelle, dont j'ai lu les deux premiers
volumes, il n'y a que votre système &

vos conséquences systématiques sur lesquelles je ne suis pas tout-à-fait de votre avis. Du reste votre Ouvrage m'a paru très-bon, il est rempli de descriptions très-exactes, d'une infinité de remarques fort judicieuses, & de conséquences très-justes. La science que j'aurois cru la moins utile & la plus dégoûtante, vous avez su la rendre la plus agréable & la plus intéressante, par le grand nombre de vos découvertes, & de vos réflexions judicieuses. J'espère que cet Ouvrage produira un grand bien ; parce que excitant la curiosité des Savans, l'on fera des voyages pour étudier la nature, & on découvrira beaucoup de choses ; entr'autres, quantité de mines dont le Vivarais est rempli, & qu'on peut découvrir le plus facilement, comme vous l'avez remarqué, à cause des grandes excavations de ses vallons. Il peut même être fort utile à la Religion, parce que les esprits se tournant vers l'étude de l'Histoire naturelle, ne s'occuperont pas à écrire ni contre la Religion, ni contre le Gouvernement ; & en considérant les

merveilles

merveilles de la nature, peut-être ils
loueront son Auteur, au lieu de blaf-
phémer contre lui, comme certains l'ont
fait par le passé. D'ailleurs notre bon
Roi, ou, pour me servir de vos expreffions, notre bien bon Roi, a de trop bonnes
vues, & pour la Religion & pour l'Etat,
& il est trop bien secondé de ses Minif-
tres, pour ne pas espérer que les choses
changeront de face à cet égard, & elles
l'ont déjà fait : ainsi espérons que des Naturalistes succéderont à des Encyclopédistes, comme ceux-là avoient succédé
à des Janséistes. Cependant quoique je
ne sois pas de votre avis au sujet de
votre système & des conséquences systématiques que vous en tirez, je trouve
excellent tout le reste de votre Ouvrage
& de la dernière exactitude. L'on voit
bien que ce n'est pas dans le cabinet
que vous ayez fait un Ouvrage de cette
espèce, & que vous avez parcouru plus
d'une fois nos vallons & nos montagnes.
Ce fut d'abord la lecture de vos *Prof-
pectus* qui me fit découvrir la vérité de
ces déluges particuliers ou inondations

extraordinaires, qui ont formé les vallons & les montagnes, creufé les lits des rivières, abaiffé la terre, élevé la mer, étendu fes limites en comblant fon ancien lit des déblais des profonds vallons qu'elles ont creufés & des montagnes qu'elles ont abaiffées, & par-là ont formé auffi les îles & les prefqu'îles, changé la face de l'Univers entier, & rendu méconnoiffable. Je dis *la vérité* de ces inondations, parce que je les regarde non comme un fyftême, mais comme une vérité indubitable; vérité que vous auriez portée à la plus grande évidence, fi vous l'aviez traitée; car je vois par une infinité de faits que vous rapportez, de conféquences que vous tirez & de difficultés que vous vous faites, que vous feriez bientôt parvenu à la découvrir, que vous y avez touché en je ne fais combien d'endroits, tant vous approfondiffez les matières.

Je rapporte auffi quantité de ces faits, comme vous verrez dans mon mémoire, pour prouver ces inondations; & ce qui fait les plus grandes difficultés dans votre fystême, fait mes meilleures preuves : de forte que je fuis comme ravi, quand je lis ce que vous avez écrit fur le lit des rivières, fur les vallons, fur la plaine d'Avignon, de Pierrelate, des deux grands rochers qui s'élèvent fi haut au milieu de ces plaines, lefquels vous reconnoiffez avec raifon avoir fait partie des rochers qui forment les montagnes des environs, quoique éloignées d'eux de plufieurs lieues. Ce que vous dites des cailloux roulés & des grandes colonnes de bafalte qu'on trouve fi profondément au milieu de ces plaines ; des fentes des montagnes calcaires de Bidon, remplies de cailloux de toute efpèce ; des volcans dévaftés des montagnes des Boutières & de celles de Mefilhac, que vous reconnoiffez n'avoir pas été inondées des eaux de la mer depuis les volcans ; de leur lave & colonnes emportées ; ce que vous écrivez auffi fur ces larges & profonds vallons de ces hautes montagnes, creufés depuis le volcan qui les a formées, fur le caillou d'une énorme grandeur, pofé fur

une colonne d'une hauteur prodigieuse
à pic, qu'on voit du côté d'Antraigues,
& qu'on ne peut regarder sans frayeur.
Et enfin ce que vous dites de la montagne sur laquelle est bâtie la tour de
Brison, que vous reconnoissez avoir fait
partie du grand Tanargues, quoique
ces deux montagnes soient séparées aujourd'hui l'une de l'autre par un si large
& profond vallon sans rivière entre
deux, & de quantité d'autres faits dont
vous parlez dans vos deux premiers
volumes, qu'il seroit trop long de citer,
& qui changent toutes nos idées reçues
sur la Géographie physique & la théorie
des montagnes.

C'est aussi le grand nombre de faits
que vous rapportez sur le granit; la
quantité de remarques que vous faites
sur cette matière & les conséquences
justes que vous en tirez, qui m'ont
porté d'abord à douter que ce ne fût
l'effet des volcans; & ensuite à faire
un voyage du côté de Vals, pays granitique; un autre à l'Argentière & à
Beaumont; & qui m'ont fait enfin dé-

couvrir qu'il n'eſt rien de plus clair
que ces montagnes granitiques ſont
l'effet du volcan. Vous avez été trop
près auſſi de cette vérité dans les juſtes
obſervations que vous avez faites ſur la
matière, qui regarde le granit , pour
n'avoir pas fait cette découverte vous-
même avant moi. Si vous aviez vu ce
que j'ai vu à Saint-Pierre-la-Roche ,
à Aps & à la rivière de Saint-Jean ,
concernant le volcan de notre Coiron ,
vous en auriez reconnu les preuves.
Ainſi, ſi ces découvertes devoient faire
honneur à quelqu'un , ce ne ſeroit qu'à
vous qui m'y avez conduit.

J'eſpère que , quand vous ſerez arrivé
dans ce pays , vous me ferez l'honneur
de venir paſſer quelques ſemaines chez
moi. Vous y ſerez mieux à portée que
par-tout ailleurs , pour faire mille obſervations très-intéreſſantes & ſur les
volcans , & ſur les inondations qui ont
bouleverſé toute la ſurface de la terre ;
& outre le grand plaiſir que j'aurai de
l'honneur de vous voir , j'aurai l'avantage de profiter un peu de vos lumiè-

C 3

res. D'ici vous feriez bien à portée pour aller examiner tous les vallons qui font autour du Coiron, qui font très-curieux; & enfuite nous pourrions faire quelque petite courfe du côté des Boutières, du Mezin & des Cevènes. Si je n'étois pas chargé d'une Paroiffe, & que je fuffe un peu à l'aife, mon ambition feroit de voir la mer & quelques-unes de fes îles. C'eft fur-tout dans les îles qu'on pourroit découvrir bien des chofes re-latives à ces inondations. *Voyez la rép.*

III. Au fujet de votre Carte du Vivarais, enluminée felon la diftribu-tion naturelle des volcans, elle me paroît fort exacte fur le pays que j'ai parcouru & que je connois. Il me paroît feulement qu'on a enluminé en rouge un terrain un peu trop large au col d'Alher & à celui de l'Efcri-net. Au col d'Alher il ne faut que quelques pas pour paffer du calcaire qui eft du côté du centre à celui qui fe trouve au vallon oppofé, dans le-quel fe trouvent fituées les trois Pa-roiffes de Bares, toutes trois fur le

calcaire, mais enclavées dans le volcan. En alongeant ce vallon calcaire
du côté du couchant, & le rougiffant
du côté du midi, vous aurez l'exacte
defcription de ce vallon : C'eft à ce
col d'Alher., du côté de S. Pierre-la-
Roche, à l'endroit appellé le Pas-
d'Enfer, qu'il y a une mine de foufre
qui paroît des plus abondantes ; on a
bien de la peine à y paffer quand,
après la pluie, il fait un foleil un peu
chaud, à caufe de l'odeur de ce mi-
néral. Le volcan de la montagne ifo-
lée de Bergougze, au-bas de laquelle
eft bâti le château de Pampelune,
qui a fait autrefois partie du volcan
du mont Coiron, comme on le voit
par les colonnes de bafalte, corref-
pondantes de ces deux montagnes, &
qui en a été féparé par les inondations
dont j'ai parlé, mériteroit une place dans
votre Carte, à caufe de fa fingularité.

A l'Efcrinet auffi il ne faut que deux
pas pour paffer du calcaire qui eft à fon
midi à celui qui eft à fon nord, puifque
pour paffer de l'un à l'autre il ne faut

C 4

que couper, à angle droit, un sillon de
lave de sept ou huit pieds de largeur,
qui joint la montagne de Blandine,
volcanisée, à celle de Susau, aussi
volcanisée.

Pour ce qui regarde le vallon de Darbres, vous y placez trois rivières, &
elles y sont en effet, quoique je ne
fasse mention que de deux dans mon
mémoire. Ma raison est que les deux
qui sont à l'orient se joignent, en en-
trant dans le vallon, de façon qu'il n'en
coule que deux le long du vallon. Vous
faites joindre ces trois rivierès un peu
trop bas; les deux du côté de l'orient
doivent avoir leur confluent à l'entrée
du vallon, & celle qui est à l'occident
doit se joindre à ces deux-ci vers le milieu du vallon, presque demi-lieue avant
que de sortir d'entre les deux rayons
enluminés en rouge, savoir, celui qui
se trouve du côté de S. Laurent, &
celui du côté de Mirabel. Les deux
rayons qui sont au nord entre ces rivières, doivent être coupés, de sorte
qu'ils soient presque imperceptibles.

Vous verrez dans mon mémoire les
raisons qui demandent que cet endroit
soit décrit dans la dernière exactitude.
Il y en a qui trouvent Langogne un peu
trop à l'occident, par rapport à Pradelles.

Toutes ces observations sont si mi-
nutieuses, qu'elles méritent à peine l'attention. Votre Carte devient donc ab-
solument nécessaire à ceux qui vou-
dront connoître, en voyageant chez
nous, cette singulière distribution de
volcans, de pays calcaires & granitiques ; elle prouve, par son exactitude,
qu'il n'est aucun recoin que vous n'ayez
vu, puisqu'on ne peut vous reprocher
qu'un peu plus ou un peu moins d'étendue des objets, ce qui est inévitable ;
& vous prouvez, par cette Carte, la
vérité de vos observations (1).

Je m'apperçus dernièrement, en venant de l'Argentière, qu'en regardant
le vallon de Darbres du côté de la Chapelle, l'on alongeroit vers le midi le
rayon enluminé en rouge, qui est, du

_____

(1) _On la trouve enluminée chez les Libraires qui
vendent l'ouvrage, avec son explication._

côté de Mirabel, la moitié plus que
celui qui eft du côté de S. Laurent;
il le doit être effectivement, mais la
moitié moins qu'il ne paroît en le regardant de cet endroit-là, & S. Laurent paroît, quand on le regarde de
là, fitué fur le calcaire, tandis qu'il
eft fur le volcan. Je m'imaginai que
c'étoit de là que vous aviez jeté votre
coup-d'œil.

Vous trouverez, Monfieur, mon
mémoire fans ordre, mais que devez-
vous attendre d'un homme qui n'a jamais rien vu que les noirs rochers dont
il eft environné de toute part, & qui
ignoreroit encore leur origine & mille
curiofités qu'on y remarque, fi vous
ne lui aviez fait l'honneur de le venir
voir & de lui dire qu'ils provenoient
d'une matière qu'un feu fouterrain avoit
mis en fufion & l'avoit fait fortir des
entrailles de la terre comme un fleuve
de métail fondu & tout enflammé; que
cette matière, en coulant dans les lieux
les plus bas, s'étoit enfin refroidie &
durcie, & avoit formé ce rocher noir

tel que nous le voyons, & qu'on appelloit cela volcan ? Vous ſavez, Monſieur, combien je ſuis interrompu à tout
moment pour les fonctions de mon
miniſtère, je n'ai pu travailler à mes
mémoires que par intervalles. L'on ne
doit attendre d'un tel homme que beaucoup de confuſion, un langage peu élo-
quent, & une méthode peu ſuivie ; vous
trouverez cependant toûjours en lui un
cœur qui vous eſt & qui vous ſera toute
la vie entièrement dévoué. Dans peu je
vous adreſſerai quelques autres obſervations ſur nos montagnes.

J'ai l'honneur d'être, &c.

R O U X, ſigné.

A Fraiſſinet, ce 2 Janvier 1781.

N O T E   D E   L' É D I T E U R.

Il eſt certain que M. l'Abbé Roux a commencé
ſes obſervations d'après la connoiſſance de quatre
idées primitives. *Le terrein noirâtre que vous voyez,*
lui a-t-on dit, *cette pierre, toute de ſoufflures ou ferru-*
gineuſe, eſt une lave, un reſte de feu ſouterrain. La
pierre dont on fait la chaux, & où vous voyez des em-

preintes de coquilles, *s'appelle* D U C A L C A I R E :
*c'est un reste de la vase maritime ; & ces rochers, qui
résistent à nos feux ordinaires, & ne se calcinent pas,
s'appellent D U G R A N I T :* ces trois matériaux
entrent dans la composition de nos montagnes
comparez-les avec votre esprit, la combinaison des
idées que présentent ces trois objets, nous donnera
des idées neuves. Les trois premières lettres de
M. l'Abbé Roux ont prouvé cette vérité ; il la con-
firmera dans celles qui suivent, & sur-tout dans un
profond Ouvrage, sur ces matières qu'il nous prépare,
& qui est presque terminé.

QUATRIÈME LETTRE

De M. l'Abbé ROUX, à M. l'Abbé SOULAVIE.

SOMMAIRE.

I. *Observations sur les différentes époques sur lesquelles ont été formées les roches calcaires ; difficultés contre le système de M. l'Abbé Soulavie ; vues sur la distribution géographique des espèces de coquilles pétrifiées dans diverses contrées. II. Vues sur la formation des montagnes granitiques ; l'Auteur prétend que les matériaux ont été soulevés du sein de la terre, par la force expulsive des volcans ; digression sur le caractère des peuples qui habitent les contrées granitiques : observations qui annoncent que les pays granitiques sont l'ouvrage des plus anciens vol-*

cans ; montagnes de granit couronnées par des couches de lave qui couvrent leurs sommets pointus.

MONSIEUR,

I. Voici quelques doutes qui se sont présentés à mon esprit, en lisant certains chapitres de votre Ouvrage, comme celui dans lequel vous parlez des animaux marins dont vous croyez l'espèce perdue, celui qui regarde les roches calcaires secondaires, & celui aussi dans lequel vous parlez des montagnes granitiques.

Les animaux marins dont vous dites que les analogies n'existent plus, sont les cornes d'Ammon, les bélemnites, les antroques, les terebratules, les gryphites, ce sont ceux du premier âge que vous placez sur le sommet des montagnes ; tandis que vous placez ceux du dernier âge, dont l'espèce existe encore au fond des vallons, dans les plus baſſes couches. Il me ſemble au contraire qu'on devroit placer ceux du ſecond âge aux couches qui ſont ſuperpoſées à ces dernières ; & enfin ceux du dernier âge ſur le ſommet des montagnes ; comme les pierres qui font le fondement d'un édifice ſont les premières bâties , & celles qui ſont à la cime de l'édifice ſont les dernières placées ; & l'on voit bien que la mer n'a pas ſoutenu les montagnes pour y placer une couche deſſous ; auſſi vous avez très-bien poſé pour principe , toute carrière ſuperpoſée eſt d'une formation poſtérieure à la carrière fondamentale hétérogène. Sur ce principe, qui me paroît inconteſtable, il me ſemble qu'on doit conclure plutôt que les coquillages que vous trouvez ſur le ſommet des montagnes appartiennent aux animaux marins du dernier âge , & ceux qui ſont au fond des vallons , à ceux du premier âge. Il eſt vrai que voulez que la mer ait placé un cordon au-bas de ces montagnes primitives , lequel cordon forme une roche ſecondaire ;

cela pourroit être arrivé à l'égard de quelqu'une ; mais dire que cela est arrivé régulièrement dans toutes les montagnes, cela me paroît difficile ; & dans le cas même où les vallons se sont formés depuis que la mer est retirée, comme je crois l'avoir démontré dans mon mémoire. Il paroît encore moins vraisemblable que ces roches secondaires se trouvent au fond des fleuves, parce que là où l'on voit les rochers au fond des fleuves, ce n'est pas là où il s'est fait des comblemens ; c'est au contraire l'endroit où il a continué toujours de creuser ; & ce n'est qu'aux endroits où il y a des cailloutages qu'il s'est fait des comblemens, comme je l'ai dit dans mon mémoire.

Mais sans faire cette distinction d'animaux d'un second âge, qui ont existé avec ceux du premier âge qui n'existent plus maintenant, & avec ceux du dernier âge qui existent encore avec ceux du second âge, ne pourroit-on pas dire que la mer, semblable, dans ses productions à la terre, produit dans certains endroits

endroits une efpèce d'animaux ; dans d'autres endroits, une autre efpèce ; & dans d'autres, les trois efpèces tout enfemble : qu'en premier lieu, cette mer aura laiffé des fédimens dans un endroit où elle nourriffoit cette première efpèce ; en fecond lieu, dans un endroit où elle nourriffoit les deux efpèces ; & en troifième lieu enfin, dans des endroits où fe nourriffoient toutes les efpèces dont nous voyons encore les analogues.

Et ne voyons-nous pas que la mer nourrit dans un endroit une efpèce de poiffon, & dans une autre, une autre efpèce ; ici des baleines, là des morues, & dans d'autres endroits, peut-être des morues avec des baleines, des fardines, des anchois, tout enfemble ; & dans d'autres endroits peut-être tous ces derniers poiffons fans baleines ; peut-être qu'en certain endroit il **y a** encore cette efpèce d'animaux que vous croyez n'exifter plus ; mais qu'ils exiftent ou qu'ils n'exiftent pas, il femble qu'il fera toujours vrai de dire, que

ceux qui font aux plus baffes couches
qui forment les analogues, ont été placés
les premiers, & ceux qui font aux plus
hautes les derniers.

Voilà , Monfieur , comme je l'ai
jugé ; peut-être me fuis-je trompé. Par
la même raifon, cette roche que vous
appellez fecondaire & que vous placez
au fond des vallons du fond des lits des
fleuves, doit être regardée comme primitive , & celles qui leur font fuperpofées fecondaires ; & enfin les plus
hautes, celles du dernier âge. Il faut cependant diftinguer, comme vous faites,
les poudingues de toutes ces roches,
l'on voit bien que ce font les rivières
qui ont laiffé fur leurs rivages ces différentes matières , & non pas la mer ;
& fi quelquefois il s'y trouve des coquillages , ces rivières les auroient pris
dans des couches où la mer les auroit
dépofés. Mais eft-ce fur le fommet
des montagnes, eft-ce fur le milieu ou
vers le bas que ces fleuves les ont pris?
C'eft ce qu'on ne fait pas ; & par conféquent il me femble qu'on ne peut

pas bien conclure fur les âges de ce
côté-là, finon que les poudingues font
venus après la formation des rochers
qui leur fervent de bafe. Je conviens
cependant que votre explication eft ce
qu'on peut dire de mieux dans ▌ fyftême, que c'eft la mer qui a creufé les
vallons, & qu'elle eft fort ingénieufe.

II. Pour ce qui regarde les montagnes
granitiques, je fuis perfuadé qu'elles
font l'ouvrage des volcans qui en ont
expulfé ces matériaux du fein de la
terre, mais des volcans bien plus confidérables que ceux de notre Coiron,
& même que ceux du Mezin, fi l'on
n'y comprenoit pas la roche granitique,
qui eft le fondement du bafalte de cette
grande montagne : auffi toutes les Boutières & les Cevènes, avec la montagne, font volcanifées, & plus des
trois quarts du Vivarais.

Vous avez établi l'influence des pays
volcanifés fur le génie des Habitans :
ici vous trouverez à confirmer la jufte
remarque que vous avez faite fur cet
objet : car tout le monde convient que

le caractère & le génie des gens de la
montagne des Cevènes & des Boutières
est le même; tous plus robustes, & jadis
plus portés à la révolte & à se battre,
que ceux du reste du Vivarais : mais avec
tout cela fort bons, en les prenant par
douceur ; fort obligeans & prêts à se
sacrifier pour ceux qui les savent bien
prendre.

En attribuant l'origine des montagnes de granit à l'expulsion souterraine
des feux qui les ont enfantées, d'une manière différente cependant de la lave
qui a été fondue par des feux, on pourroit expliquer certaines difficultés que
fournissent ces montagnes inexplicables
sans cette supposition , & ce n'est qu'à
l'aide de vos exposés fort exacts , &
de vos remarques fort justes que j'ai fait
cette découverte & établi là-dessus
mon système au sujet du déluge que
vous croyez, tout comme moi , avoir
été universel. Vous m'avez dit, dans nos
conversations privées, que ces coquillages , bien loin d'être une preuve pour
l'établir, seroient au contraire une preuve

évidente qu'il n'auroit pas été univerſel,
parce que, dites-vous, s'il avoit été
univerſel, il auroit laiſſé des coquillages
dans les montagnes granitiques qui ſont
ordinairement les plus hautes : or, con-
tinuez-vous, on n'y en voit point, donc
il ſuivroit de là, ſi les coquillages
étoient une preuve du déluge, qu'il
n'auroit pas été univerſel. Sur ce principe, je dis : ou c'eſt la mer qui a formé
ces hautes montagnes granitiques,
ſituées ſur le calcaire, ou elles ont
été ſoulevées du ſein de la terre. Le
deſſous étant un vaſe de mer, le deſſus
doit avoir été formé ou par le volcan
ou par la mer; car quelle autre cauſe y
auroit-il pour placer de ſi grandes montagnes ſur les vaſes de mer ? or ce n'eſt
pas la mer, parce que, ſelon vous, &
ſelon que le diſent le bon-ſens & la meilleure philoſophie, ſi c'étoit la mer qui
l'eût fait, elle y auroit laiſſé quelqu'une
de ſes traces, puiſqu'elle a tout laiſſé
dans le calcaire qu'on reconnoît avoir
été dépoſé par la mer; or on ne voit
point de ces traces dans les montagnes

D

granitiques, ou fi l'on en voit quelqu'une, ce n'eſt que dans les couches calcaires & ſuperpoſées. Ces montagnes granitiques ne ſont donc pas un effet de la mer, elles le ſont donc du volcan. Dans ce cas les coquillages ne forment point une difficulté contre l'Ecriture-Sainte, parce que ces volcans ſont arrivés depuis que la mer s'eſt retirée de deſſus la ſurface de la terre, puiſqu'ils ont couvert ſes traces des matières qu'ils ont projetées. Ils ſont même plus anciens que ceux de Coiron, puiſque la rivière qui réuniſſoit le Coiron avant ſon volcan, traînoit des cailloux granitiques; & ſans le ſecours de ces volcans, la même raiſon qui prouveroit contre le déluge univerſel, prouveroit auſſi contre le ſyſtême de ceux qui veulent que la mer ait couvert nos plus hautes montagnes avant le déluge univerſel, parce que ſi l'on pouvoit prouver que le déluge n'a pas été univerſel, parce qu'on ne trouve pas de coquillages dans les montagnes granitiques, je conclurai auſſi

que la mer n'a pas inondé, avant le
déluge, ces montagnes granitiques,
puisqu'on n'y trouve point de coquillages. Ainfi la même raifon qui prouveroit contre l'un, prouveroit contre
l'autre.

Un de ces jours, venant de Darbres,
je vis une coulée de granit au milieu de
notre volcan du Coiron, à un endroit
appellé la Vallette. L'on voit dans le
granit une pierre de bafalte incruftée.
Quelle autre caufe que le volcan peut
avoir mis là ce granit, & l'avoir fait
mouler dans ce lieu? Il ne faudroit pour
prouver que les montagnes granitiques
font l'effet des volcans, que ce que vous
obfervez au fujet d'un grand filon de
granit qui s'eft venu mouler dans une
fciffure de marbre au-deffous de l'Efcrinet du côté d'Aubenas, endroit où le
calcaire limite avec le granit. Vous concluez de là & avec jufte raifon, 1°. que la
roche calcaire éxiftoit avant lui; 2°. que
la fente perpendiculaire de cette carrière
matrice fe fit après la féparation des
eaux de la mer par les loix du retrait;

D 4

car, dites-vous, si la matière calcaire
eut été dans un état de vase, elle se fût
mêlangée avec la vase du granit ou avec
les grains sablonneux par l'action des
courans; 3°. que la roche de granit,
en supposant ces trois premiers cas,
devoit être réellement dans un état
de pâte molle, puisqu'elle remplit di-
rectement toutes les sinuosités de la
gangue.

Or, dites-vous, toutes ces vues démontrent l'état boueux des carrières
granitiques, & l'existence antérieure des
matières calcaires primordiales qui les
contiennent; & d'après tout cela je
conclus à mon tour, que c'est le volcan
qui a jeté cette matière fluide granitique, & quelle autre cause pourroit
l'avoir fait? Ce n'est pas la mer, parce
qu'elle devoit être retirée avant que
cette scissure se fît par le retrait de la
matière calcaire, & par conséquent avant
que ce granit en état liquide vînt s'y
mouler. Je m'imagine que vous n'avez
pas vu de si près cette conséquence sans
la tirer, que parce que vous vouliez

trouver encore de nouvelles raiſons
pour mieux l'établir.

Vous rapportez encore dans un autre
endroit que vous avez obſervé pluſieurs
fentes dans des colonnes de baſalte
très-étroites où cependant le granit s'eſt
venu mouler , & les a toutes remplies
très-exactement. De toutes ces obſervations , & de quantité d'autres, toutes
très-judicieuſes, que vous avez faites,
ſur-tout ſur la matière granitique, &
qu'il ſeroit trop long de rapporter, j'ai
cru pouvoir conclure, ſans crainte de
me tromper, que les montagnes granitiques étoient l'effet des volcans, qui
les ont ſoulevées autrefois du ſein de la
terre, ayant vu ſur-tout divers paſſages
de votre livre dans leſquels vous parlez
de la zône granitique. Je me con-
tenterai de rapporter ce que vous dites
au paragraphe 100 : il faut obſerver ſoi-
gneuſement, dites - vous, que la zône
vitrifiable qui eſt la région du granit, ne
contient dans ſon domaine, en fait de
choſes étrangères, que des montagnes
volcaniſées. Je n'en ſuis pas reſté là:

pour bien m'en assurer, je fus du côté
de Vals, pays tout de granit, & en y
allant, j'ai observé le long du chemin
proche de la métairie du Cheilard, une
roche granitique où l'on voit plusieurs
grosses pierres calcaires incrustées, ce
qui ne peut se faire sans la fluidité, ni
cette fluidité sans le volcan. Trois ou
quatre cens pas plus haut l'on trouve un
monticule de roche calcaire environné
de toutes parts de hautes montagnes
granitiques situées sur la roche calcaire, comme vous l'avez observé si
souvent par tant d'autres montagnes
de granit (*secondaire*). De retour chez
moi, ayant vu la relation que vous
faites sur les différentes couches qui
composent le mont Bederet, & celles
qui sont à droite & à gauche, le long
de la rivière des Fées, j'ai trouvé tant
de difficultés à concilier toutes ces
différentes couches, les couches du granit étant tantôt posées sur celles du calcaire, & tantôt celles du calcaire sur
celles du granit, que j'ai pris la réso-
lution de m'y transporter, non pas pour

voir fi les faits étoient tels que vous
les rapportez : je fais que vous êtes
de la dernière exactitude dans toutes
vos relations ; mais pour examiner fi
l'on n'y pourroit pas découvrir quelqu'indice de volcan , par le moyen duquel l'on pût expliquer les difficultés
qu'offre la confufion de ces différentes
couches de granit & de calcaire, j'ai
vu en effet que c'étoit un volcan le plus
marqué. Je n'en fais pas la defcription,
parce qu'il faut être pour cela fur les
lieux , & je n'eus pas le temps de m'y
trop arrêter. D'ailleurs il faut qu'elle fe
faffe par un homme comme vous, pour
qu'elle foit faite à propos. Avant que
de la faire , il faut avoir vu certains
filons de lave du volcan d'Aps , de Saint-
Pierre - la - Roche & certains autres
qu'on trouve dans la rivière de Lad-
vegne au Nord de Saint-Jean , (Lad-
vegne eft le nom de cette rivière, vous
lui en avez donné un autre dont je ne
me fouviens pas). Ces derniers filons vont
aboutir au volcan du Coiron, & il faut
avoir vu tout cela , pour connoître , fans

crainte de fe tromper, le volcan du
mont Bederet, & des montagnes qui
font à droite & à gauche le long de la
rivière des Fées, & pour pouvoir en
raifonner jufte. Quand vous ferez de
retour dans ce pays, j'aurai l'honneur
de vous accompagner dans tous ces
endroits, & vous verrez qu'il n'eft rien
de plus évident que le volcan du mont
Bederet. Toutes ces montagnes granitiques font donc l'effet du volcan.

On me dira peut-être, fi les montagnes granitiques font volcanifées,
d'où vient qu'on ne voit point de retrait dans les rochers ?

Je vous répondrai, Monfieur, que
cela peut venir de la matière du granit, qui ne doit pas être fi fujette à des
gerçures & à des fentes, étant le plus
fouvent parfemée de petites feuilles,
comme de Mica, & autre matière femblable, la liaifon des parties étant plus
intime.

III. L'on voit dans les Boutières un
grand nombre de montagnes dont le bas
eft de granit & le fommet de lave &

de bafalte, femblable à celle du volcan
de notre Coiron. Je m'imagine que ces
volcans ont vomi, en premier lieu, la
matière granitique, qui, felon vos
principes, a dû être placée la plus proche de la furface de la terre, comme
étant la plus légère; & enfuite la lave
ferrugineufe qui devoit être rangée fous
la matière granitique, comme plus pe-
fante qu'elle.

Voilà, Monfieur, les obfervations
que m'a fait faire la lecture de votre
Ouvrage, que je trouve toujours plus
admirable.

J'ai l'honneur d'être, &c.

R o u x, figné.

A Fraiffinet, ce 18 Janvier 1781.

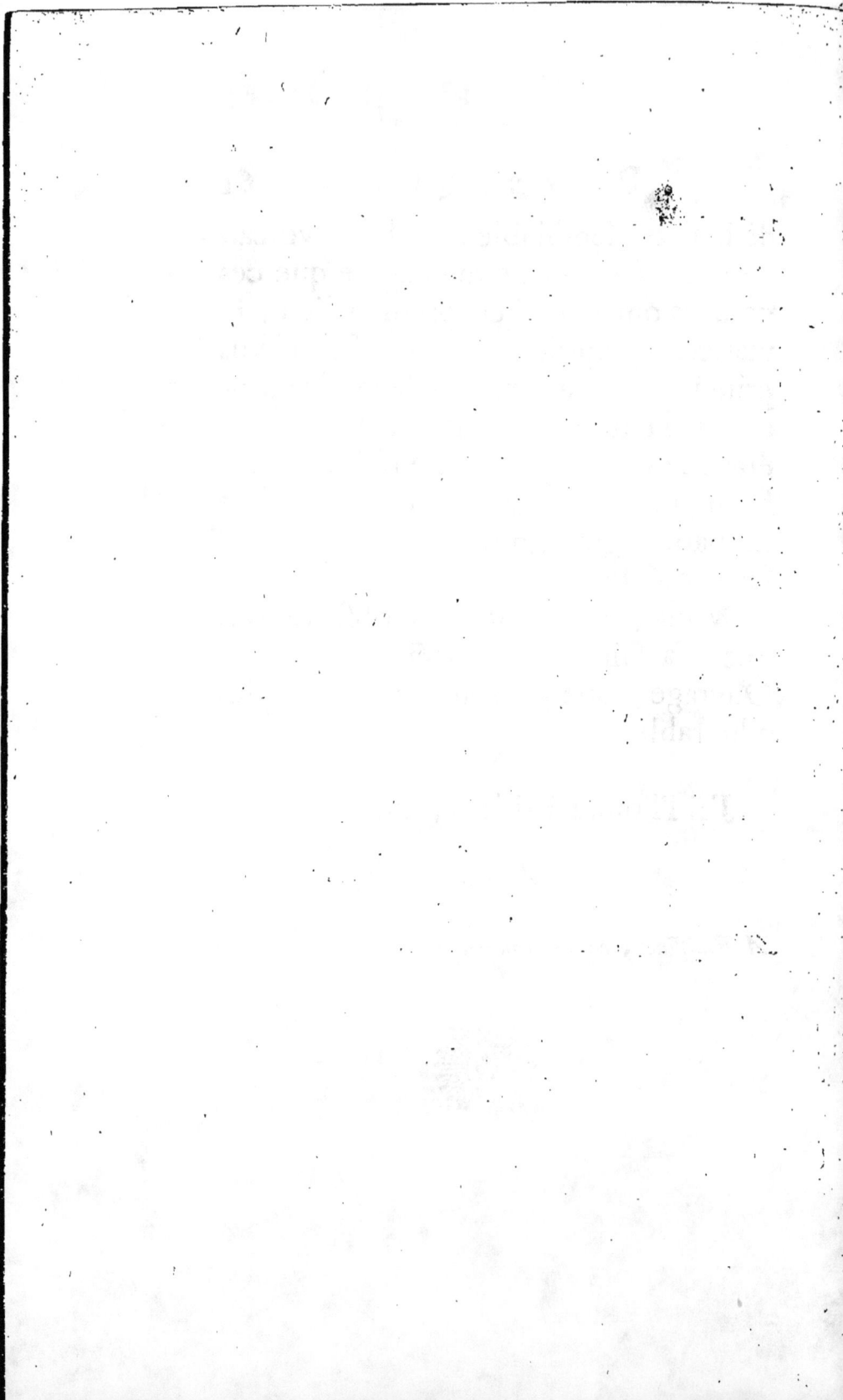

QUATRIÈME LETTRE

De M. l'Abbé R o u x, à M. l'Abbé S o u l a v i e.

S O M M A I R E.

Observations sur le système de M. Soulavie . . . . I. La mer ne diminue pas. II. Sur l'état sous-marin de quelques volcans. III. Sur les filons basaltiques qui circulent & courent en divers sens dans l'intérieur des roches. IV. Sur la cause des volcans. V. Sur des empreintes de plantes trouvées sur les hauteurs du Coiron. VI. Sur le mont Coiron. VII. Sur la force centrifuge & centripète du globe terrestre. VIII. Vues sur la formation des volcans du Coiron. IX. Etablissement de trois époques de volcans en Coiron. X. Idée du Coiron avant l'éruption de tout volcan. XI. Magnifique description de l'enfantement des volcans

MONSIEUR,

J'ai reçu la lettre que vous m'ayez fait l'honneur de m'écrire, avec le quatrième tome de votre *Histoire Naturelle* que vous avez eu la bonté de me faire passer. La différence de nos systèmes ne diminuera jamais l'attachement sincère que j'ai eu pour vous depuis le premier jour que j'ai eu l'honneur de vous connoître, & je languis beaucoup que vos Ouvrages ne nous permettent de nous voir dans le pays, & de faire ensemble le grand voyage dont vous me parlez; mais je suis confus des éloges que vous me donnez dans votre Histoire, je sais bien que je ne les mérite pas. Un pauvre Curé, comme moi, qui n'est jamais sorti de la montagne déserte, ne peut être qu'un ignorant sur l'Histoire Naturelle, science dont je n'aurois jamais eu la moindre idée, si je n'avois eu

l'honneur

l'honneur de vous voir & d'en parler avec vous.

Vous me priez de vous faire part de mes remarques fur votre quatrième tome, & de vérifier vos obfervations; à part votre fyftême & vos conféquences fur lefquelles il me refte toujours les mêmes difficultés, je le trouve admirable; vous y entrez dans les plus grands détails, avec l'exactitude qui vous eft propre; vous y traitez la matière d'une manière toute nouvelle, avec beaucoup de juftefle dans le raifonnement.

Voici les remarques que j'y ai faites; d'abord pour ce qui eft de votre fyftême je fuis toujours dans le fentiment que je vous marquai dans mon Mémoire, & fans vous rappeller ici les preuves que j'y ai rapportées, je dis qu'il me femble évident que la mer n'eft pas defcendue peu-à-peu de la cime de nos plus hautes montagnes jufqu'au bord où elle eft aujourd'hui, en s'abaiffant, & qu'elle ne continue pas de s'abaiffer, comme vous le croyez. J'aurois quantité de raifons qui me paroissent démonstratives, mais pour n'être pas trop long, je me borne à celle-ci.

I. Personne n'a dit encore que le continent ait diminué, parce que si les vallons se creusent & les montagnes s'abaissent d'un côté, la mer recevant dans son sein toutes les matières qui élevoient les montagnes & remplissoient les vallons, doit s'élever de l'autre. Cependant il me paroît que, selon votre système, il faudroit nécessairement dire que le continent a extrêmement diminué, puisque les vallons se sont enfoncés & les montagnes se sont abaissées; il faudroit même dire que le globe diminue toujours, & qu'à la fin il seroit réduit à rien, puisque la mer & la terre ne cessent de s'abaisser, selon vous.

II. La réponse que vous donnez à l'objection que j'ai faite, pour prouver que les volcans d'Aubenas, Villeneuve, Aps, Rochemaure & Privas ne sont pas sousmarins, ne me paroît pas suffisante. Pour répondre à cette difficulté, vous dites que depuis l'époque de l'exis-

E 2

tence d'une rivière sur les hauteurs du
Coiron, & de l'éruption du volcan qui
combla son lit, jusqu'à celle où la mer,
après avoir détruit peu-à-peu tout le
terrain qui formoit le bassin & le bord
de cette rivière, étoit venu battre, de
tous côtés, les flancs du rocher qui couvre ce lit de rivière & tout le Coiron,
(époque, dites-vous, des volcans d'Aubenas, Villeneuve, &c.) il s'étoit écoulé
un grand nombre de siècles. Je conviens
qu'il en a fallu beaucoup à la marche
lente de la mer pour détruire tout le
bassin de cette rivière, tant du côté
du midi que du côté du nord, parce
que la largeur de son lit prouve celle
de son bassin ; mais plus vous mettez
d'intervalle d'une époque à l'autre, plus
il sera évident que l'eau de la mer n'a
pu venir battre les flancs du rocher
qui couvre le lit de l'ancien fleuve qui
traversoit le Coiron, & que les volcans
inférieurs d'Aps, Rochemaure, Privas,
Aubenas, &c. ne sont pas sous-marins,
parce que dans votre système la mer se
retire toujours, & s'abaisse en se reti-

rant; si donc elle n'a pas été assez élevée pour couvrir le lit de cette rivière,
pendant qu'elle couloit, ni pendant les
éruptions du volcan qui l'ont comblée;
à plus forte raison cette même mer,
plusieurs milliers d'années après, & lorfqu'elle auroit beaucoup baiffé, n'auroit pu venir battre les flancs du rocher
de lave qui le couvre, quoique plus
élevé que ce dit, puifqu'il le couvre.
Mais, dites-vous, *il y avoit un terrain* fort élevé qui formoit le bord du
baffin de ce fleuve & qui le féparoit de
la mer, lequel fut rongé par les eaux
maritimes, peu-à-peu, dans une longue
férie *des fiècles*; mais je répondrai que
la mer étoit toujours plus élevée que
le lit de cette rivière, & ainfi l'eau de
cette mer feroit venue par l'embouchure de cette rivière, & elle auroit
été un golfe dormant au lieu d'une rivière. C'eft une raifon évidente, & à
laquelle il me paroît impoffible d'y
répondre. D'ailleurs on ne conçoit pas
comment la mer, en defcendant, auroit abandonné affez de terrain pour

fournir d'eau à un grand fleuve ; pour
revenir ronger de tous côtés ce terrain,
ne laissant précisément que la place du
fleuve.

Pour prouver donc que les eaux maritimes ont battu les rochers du Coiron,
que ce sont elles qui les ont taillés à pic
& que les volcans d'Aps, Aubenas, &c.
sont sous-marins, il est inutile de dire
que vous avez observé, dans les filons
basaltiques de ces régions basses, des
chœrls, des zoolites, que l'acide nitreux
change en gelée, & des cryſtaux de ſpath
qui font une vive effervefcence avec
les acides. Tout cela prouve que ce
n'eſt pas toujours la mer qui produit ces
zoolites, ces ſpaths, & autres choſes qui
font effervefcence avec les acides; & que
bien d'expériences qu'on fait avec ces
acides, en font une preuve bien foible.

Il n'eſt pas moins inutile de dire que
les eaux courantes ne coupent pas ainſi
à pic, qu'on voye ſi elles n'ont pas coupé
à pic dans pluſieurs endroits, du côté
d'Antraigues, Burzet, Tueytz, de Vals,
& du Pont de la Beaume, & volcans

qu'on reconnoît avec juste raison n'être
pas sous-marins. Mais, dites-vous, ils
ne sauroient couper à pic d'une manière circulaire. Les rochers de Seutre,
de Taraillon, la Roche de Gourdon
assurément n'ont jamais été sous-marins, & la mer n'est jamais venu battre
contre leurs flancs, sur-tout contre ceux
de la Roche de Gourdon, plus élevés
que le Coiron, & cependant tous ces
rochers sont coupés à pic & d'une façon
circulaire; d'ailleurs il n'y a qu'à jeter
les yeux sur votre Carte enluminée, &
l'on verra que cette montagne a été
coupée d'une façon longitudinale plutôt
que circulaire, puisque depuis le Theil
jusqu'à la Champ-Raphaël, qui n'est
dans le fond que la même chaîne de
montagne, il y a environ huit lieues,
& que cette montagne, dans sa plus
grande largeur, n'a pas plus d'une lieue
& demie.

J'ai donné la raison, dans le cours
de mon Mémoire, pourquoi ce rocher
qui couvre le lit de cette ancienne rivière étoit coupé à pic, & pourquoi

s'en est détaché de gros quartiers qui
pèsent la plupart plus de 300 mille
quintaux, dont les uns ont resté tout
proche du lieu où ils avoient été détachés, & les autres ont été entraînés à
plus de quatre cens pas. Ce n'est pas
de cette façon que les eaux de la mer
agissent, vous en convenez vous-même.

Mais, dites-vous, *des loix physiques
ne nous montrent pas deux ou trois
déluges successifs*; je réponds que les
Livres saints m'en montrent un, & les
histoires profanes & la raison m'ap-
prennent qu'il y en a eu quelques autres
après celui-là; vous savez ce qu'elles
disent à ce sujet; il est vrai qu'on y a
mêlé de la fable, mais ces fables sup-
posent la vérité du fonds.

Je dis la raison, parce que je crois
avoir suffisamment prouvé ces espèces
de déluges par les effets étonnans
qu'elles ont produits dans tout l'univers, tant sur la terre que dans les mers.
En continuant mon Mémoire, je ferai
voir les changemens surprenans qu'ils
ont opérés dans les mers. Ce que je

E 4

dirai là-deſſus paroîtra d'abord bien
étrange, mais je me flatte qu'on en
fera convaincu, ſi l'on examine bien les
preuves que j'en donnerai. Je ferai voir
la cauſe néceſſaire de ces inondations
extraordinaires ; je prouverai que non
ſeulement elles ont été, mais qu'elles
ont dû être : & je ne doute nullement
que vous ne vous rendiez à la preuve
que j'en donnerai ; elle eſt ſi évidente
que je ſuis ſurpris que perſonne n'y
ait encore fait attention.

De tout cela il ſuit que tout ce que
vous avez dit pour faire voir l'analogie
des volcans de Breſcou, avec ceux
d'Aps, Rochemaure, Privas, &c. ce
premier n'eſt pas plus ſous-marin que
les derniers, & qu'il faut raiſonner de
même de tant d'autres volcans ſem-
blables qui ſont proche de la mer ou
dans la mer même. C'eſt bien auſſi ce
que je prouverai dans la continuation
du Mémoire que j'eus l'honneur de vous
faire paſſer.

Ce que j'avance ſur les mers, les
golfes, le flux & le reflux de la mer,

les rivières, les lacs, les îles, les montagnes, les coquillages, &c. paroîtra
d'abord bien extraordinaire & sur-
prendra bien des lecteurs, parce qu'il
est tout à fait contraire aux idées qu'on
a eues jusqu'à présent sur ces matières,
& qu'il combat bien des systèmes; mais
j'ai lieu d'espérer que, quand on aura
vu toutes mes preuves & l'accord de
leur ensemble, on cessera d'être surpris.

III. Vous dites, au n°. 1622, *que les
volcans* ayant opéré des fentes, des gerçures sur le globe, la lave, après avoir
été projetée sur la surface de la terre,
hors des cratères, filtroit à travers ces
fentes, comme l'eau filtreroit à travers
les fentes d'un rocher, après être *sortie
de sa source*. Mais je soutiens que la
lave, au lieu de couler en bas dans ces
gerçures, au contraire elle étoit projetée dehors par les forces expulsives,
& que cela faisoit autant de bouches
subalternes des grands cratères. L'on
voit cela distinctement dans les filons
qui sortent en grand nombre autour

du Coiron, furtout à Saint-Pierre-la-
Roche, qui forment comme de grandes
murailles, & vont aboutir du fond de
la roche fchifteufe au haut de la montagne du Coiron; & à mefure que la
lave de ces filons s'élève vers le haut
de la montagne, elle fe perfectionne
& fe rend femblable à celle qui ferme
les rochers de la montagne du Coiron.

Rien n'eft plus curieux que de voir
un certain nombre de ces filons en
forme de murailles fortir de droit &
de gauche du grand rocher volcanique
qui s'élève en rond au milieu du vallon
de Sceutre & va fe perdre dans les nues:
ces filons fortant de ce grand rocher
portoient leurs laves fur le plateau du
Coiron, & ainfi ils couloient de bas
en haut. Cela paroît à vue d'œil, & fi
la raifon le démontre, parce que la
même force qui pouffoit en haut la
matière qui a formé le rocher, qui étoit
le cratère de ce volcan, pouffoit belles
des filons de lave qui y tiennent comme
les branches d'un arbre tiennent à fon
tronc. Il faut remarquer que ces filons

qu'on voit ainsi au fond du vallon de
Saint-Pierre-la-Roche, de Sceutre, &c.
moulés dans la roche calcaire, ne sont
pas d'une date différente de ceux du
Odiran, puisque ce sont une partie de
la lave qui formá le plateau de cette
montagne. Tous ces filons ainsi moulés
dans la roche calcaire ont quelque chose
de semblable à ceux que vous avez observés sur la montagne granitique de
Saint-Andéol-de-Fourchade, du Tanargues, &c. & ainsi ils pourroient bien
être les uns & les autres de la même
époque, comme je le prouverai ailleurs.

Je ne vous dirai rien ici de la roche
granitique, dans laquelle vous avez observé ces filons de lave. Vous con-
viendrez un jour que les montagnes
granitiques sont l'effet des volcans. Je
n'ai pas le temps de vous en donner
à présent les preuves; quand vous viendrez dans le pays, je vous ferai part
de mes observations là-dessus. Nous
pourrons voir aussi les fontaines minérales de Vals, & vous jugerez si elles

ne fortent pas d'un filon de granit volcanique.

L'on veut que les volcans fuivent
la mer, parce qu'on fuppofe qu'elle eft
néceffaire pour les attirer; & de là,
quand on voit un volcan, l'on con-
clut que la mer a dû venir battre tout
proche, pendant qu'il vomiffoit fes
laves. Cela me paroît fort inutile; s'il
faut de l'eau, manque-t-il des fleuves
fur la terre?

On m'objectera que fi ce n'eft pas
la mer qui eft la caufe des volcans,
pourquoi eft-ce qu'on en voit plus d'al-
lumés à fes bords que par-tout ailleurs?
Je réponds, en premier lieu, qu'il
fuffit d'en trouver quelques-uns d'allu-
més, & qui ne font pas proche de la
mer, pour dire qu'elle n'eft pas néceffaire pour les attirer; vous convenez
qu'il y en a.

Je réponds, en fecond lieu, que les
volcans font plus fréquens le long du
rivage de la mer, parce que fouvent
ceux qui fortiroient du dedans, viennent
fortir à fes bords, parce que les eaux

refroidiſſent la lave & la durciſſent,
à meſure qu'elle eſt projetée ; & c'eſt
ce qui forme la bouche verticale de
ces volcans ; & alors les matières fondues prennent cours par les fentes longitudinales & vont ſortir au bord de
la mer. Auſſi a-t-on vû quelquefois
paroître dans la mer des volcans qui
ont diſparu auſſi-tôt, & ainſi l'on voit
proche de la mer les volcans qui naturellement devroient ſortir en ce lieu,
quoique la mer en ſût éloignée, & ceux
qui devroient ſortir dans la mer, mais
qui ne peuvent, à cauſe des obſtacles
qu'ils y rencontrent. Mais une preuve
certaine que les volcans n'ont pas beſoin
d'être au bord de la mer, c'eſt qu'il y
en a qui brûlent fort éloignés ; & certai-
nement ceux de la dernière époque qui
ont coulé dans les vallons de Thueytz,
Burzet, Vals & Antraigues, & qui com-
blèrent les lits de ces anciennes rivières, comme vous l'avez remarqué,
étoient bien éloignés de la mer quand
ils ont coulé.

V. Ce que vous dites, Monſieur,

n°. 1653, 54 & 55, des herbes pétrifiées qui demandent un climat chaud & humide, qu'on a trouvé au bord du Coiron, s'accorde très-bien avec le climat que devoit avoir pour lors ce pays, parce que, comme dans ce temps-là, il étoit le fond du bassin d'un grand fleuve; il devoit être fort bas, & par conséquent les bords fort élevés. Ils devoient donc mettre ce sol fort à l'abri. D'autant plus que ce fleuve couloit un peu entre le nord & le midi, son bassin n'étoit exposé ni au marin, ni à la bise, il devoit d'ailleurs être humide par rapport à la rivière.

VI. Mais, dans ce cas, je ne conçois pas comment cela peut s'accorder avec l'idée, *que la mer venoit battre le fleuve de l'élévation du Coiron.* Si ce pays étoit un fond, comme le lit du fleuve & la lave qui y a coulé le démontrent, comment pouvoit il être une élévation? ni, comme je l'ai déjà remarqué, comment la mer pouvoit l'environner de toute part, comme vous l'avez souvent observé, sans l'inonder?

& fi la mer l'environnoit de toute part,
comme du côté d'Aubenas, de Privas,
d'Aps & de Rochemaure, dont les
volcans font, à ce que vous dites, fous-
marins. Ce grand fleuve n'avoit-il donc
précifément d'autre baffin que fon lit ?
D'où pouvoient donc venir les rivières
qui le groffiffoient, & en faifoient un des
plus grands fleuves ? Nouvelle preuve
de ce que j'ai déjà dit, que les volcans
qui font autour du Coiron ne font pas
fous-marins.

Vous dites, Monfieur, n°. 1673, *que
le tranfport des maffes* énormes ne peut
être l'ouvrage d'une alluvion plus
grande que celle *que nous voyons de
nos jours*. Cette affertion me paroît bien
contraire à l'expérience & bien difficile
à prouver. Nous voyons que plus nos
torrens, nos rivières font enflées par
les inondations, plus elles ont de force
& plus elles entraînent de groffes
maffes ; vous auriez cependant raifon,
fi les eaux de ces alluvions étoient
dormantes, comme vous l'avez dit ailleurs ; mais c'eft ce que je n'ai jamais

prétendu à l'égard des alluvions dont j'ai parlé dans mon Mémoire, & c'est ce qu'on ne sauroit prétendre sans supposer un miracle, parce que ces alluvions étoient l'effet des eaux pluviales qui toujours suivent naturellement les lieux les plus bas ; & si ces masses énormes basaltiques, qu'on trouve au fond des puits qu'on creuse dans les plaines d'Avignon & de Montelimard, à dix toises, peut-être au-dessous du Rhône, ont été entraînées là par la perte des montagnes ; il faut qu'il se fût passé bien de temps depuis cette époque, & si c'étoient les inondations communes qui eussent creusé ce lit, pourquoi depuis si long temps, au lieu d'avoir continué de creuser, l'ont-elles comblé depuis le fond de ces puits jusqu'au niveau lit du Rhône ? Peut-être même qu'en creusant ces puits l'on n'a pas été jusqu'au fond de l'ancien lit. Je ne m'arrête pas à prouver les inondations extraordinaires, qui seules peuvent avoir entraîné de si loin, & placé à cette profondeur ces grandes masses de basaltes.
Ce

Ce que j'ai déjà dit dans mon Mémoire & ce que je dois y ajouter en parlant de la mer, des lacs, du flux & reflux, des îles, de la nouveauté du globe, & de la cause de ces inondations en fera la démonstration la plus parfaite qu'on puisse desirer en matière de physique : ainsi je ne regarde plus ces inondations comme un système, mais comme une vérité susceptible d'une sorte de démonstration, & dont on voit des preuves évidentes à tous les pas.

VII. Je ne vous dis rien sur ce que vous rapportez, n°. 1799 & suiv. sur la formation du bassin de la mer. Il faudroit donner la raison pour quoi la mer du nord & celle du midi ont leur longueur du nord au midi, & non pas d'orient en occident, puisque le mouvement d'impulsion suit cette dernière route ; comment ce mouvement d'impulsion a été creuser un si grand abîme sous l'eau, puisqu'avant la formation de cet abîme les eaux devoient couvrir la surface du globe ; comment se sont formés les golfes dont la plupart ont

leur largeur felon une autre direction
que celle du refte de la mer. Il me paroît
qu'il feroit bien difficile d'affigner la
caufe qui perpétue la force de cette
impulfion , & d'expliquer comment toutes ces différentes forces centripètes,
centrifuges ne fe détruifent pas les unes
& les autres par la réfiftance mutuelle
qu'elles fe font. Je fais former ce lit de
la mer, des golfes & des lacs d'une
manière bien différente & à laquelle je
ne crois pas que perfonne ait encore
penfé , & vous verrez fi elle eft naturelle.

VIII. J'avoue que , comme vous
dites dans la réponfe à l'objection que
vous vous faites, n°. 1720 , *que les petits
cailloux roulés font l'effet des attériffemens
fluviatiles , & non les produits des volcans.*
Mais il me paroît que quoiqu'on trouve
des cailloux volcaniques dans le lit de
cet ancien fleuve couvert avec fes cailloux volcaniques d'une coulée de lave,
l'on ne doit pas pour cela multiplier les
époques; parce que les cailloux volcaniques peuvent être, fans difficulté, de la

même époque que la coulée de la lave
qui couvre le lit de la rivière , & voici
comment : il eſt poſſible que la lave ſor-
tant d'une bouche qui étoit dans la
rivière majeure ou dans quelqu'une de
celles qui s'y jetoient de droite & de
gauche , fût d'abord refroidie & durcie
par les fraîcheurs de l'eau & en même
temps entraînée & arrondie par le courant, ſur-tout avant que le volcan eût jeté
une grande abondance de lave & qu'enfin ce lit fût entièrement couvert de la
grande abondance de lave que cette
bouche continuoit de vomir ; dans ce
cas les cailloux volcaniques & la lave
qui les couvre ſeroient de la même
époque.

Vraiſemblablement la même inondation qui coupa en quatre la montagne
de la ſeconde figure de la première
planche de votre quatrième tome, coupa
en deux la montagne repréſentée dans
la première figure ; & alors il pourroit
ſe faire que le ſilon qu'on voit gravé
dans la roche granitique, qui eſt à droite,
fût de la même date que la lave qui

couvre le lit de la rivière, & même que celle des cailloux basaltiques qui sont couverts de cette lave; tout comme les filons de lave qu'on voit dans le vallon de Rochesauve, Barrés & Sceutre ex-cavés plus de deux cens toises dans la lave qui forme le plateau du Coiron, & plus d'autres deux cens encore dans le calcaire, ne sont pas moins de la même date que la lave qui forme le plateau de cette montagne, puisque ce sont eux qui ont projeté la lave de ce plateau. Tout cela ne multiplie donc pas les époques.

La réponse que vous donnez à l'objection que vous vous faites, n°. 1733, ne me paroît pas non plus tout-à-fait satisfaisante, quoiqu'on n'y puisse guère répondre autre chose que ce que vous y répondez : *il est évident*, dites-vous, *que la lave basaltique de la premiere époque située sur les montagnes des Boutieres, altérée par les eaux & chan-gée en atterissement, n'a pas été tran-portée sur les sommets des montagnes plus élevées. Les atterissemens*, conti-

nuez-vous, verfent de haut en bas, &
jamais *dans un fens contraire*. Ce principe eft fans replique ; mais il paroit clair
qu'avant les inondations qui ont fait la
gorge de la première figure & les trois
de la feconde, la montagne granitique
des Boutières où l'on voit ce filon
bafaltique étoit plus élevée avant ces
inondations, que les quatre fommets
de la feconde figure où le bafalte eft
confervé ; mais qu'ayant été expofée à
de plus fort courans, elle a été plus
abaiffée & fes bafaltes tout-à-fait emportés. Une marque non-équivoque que
cette montagne a été expofée à de plus
grands courans, c'eft la grande gorge
qui la coupe en deux, qui équivaut,
& au-delà, aux trois gorges de la montagne de la feconde figure, parce qu'elle
faifoit un côté latéral du fleuve qui avoit
coulé fur la lave qu'on voit confervée
fur les montagnes repréfentée dans la
feconde figure ; & plus cette première
montagne étoit éloignée du lit du fleuve,
plus elle devoit être élevée au-deffus
du lit de ce même fleuve où l'on voit

cette lave conservée en basalte ; parce que le bassin du fleuve s'élève toujours à mesure qu'il s'éloigne davantage du lit du fleuve qu'il contient. C'est ainsi que nous voyons les montagnes qui font autour du Coiron, qui étoient autrefois plus élevées que lui, puisque c'est par leur plus grande élévation qu'elles y avoient contenu les eaux de la rivière, & la lave qui y couloit, & venoit s'y rendre de droite & de gauche. Aujourd'hui la plupart de ces montagnes font plus basses que celle du Coiron. Il est comme certain que les mêmes inondations, qui ont fait la gorge de la montagne représentée dans la première figure de la première planche, ont fait les trois gorges représentées dans la seconde figure, parce que les quatre sommets qui y sont représentés, font situés sur le lit caillouté du fleuve, & la montagne représentée à la première figure faisant le côté latéral de ce fleuve, elle devoit donc être plus élevée ; puisque les eaux devoient couler de droite & de gauche dans le fleuve qui étoit au

milieu du baffin, & ce fleuve, pour peu
que fon baffin fût large, devoit recevoir
les eaux de toutes les parties fepten-
trionales du Vivarais, c'eft-à-dire, les
eaux de toutes les Boutières, qui devoient
faire un côté du baffin de cet ancien
fleuve, & celles de toute la partie méridionale, & même bien au-delà, qui
faifoit l'autre côté du baffin.

Il ne faut donc pas penfer que les
eaux pluviales euffent emporté la lave
qu'avoit projetée le volcan qu'on voit
dans la gorge de la montagne de Saint-
Andéol de Fourchades, avant l'éruption des autres volcans qui couvrirent
le lit de la rivière de leurs laves. Il eft
évident que fi les eaux avoient emporté le bafalte vomi par le volcan de cette
montagne dudit Saint-Andéol, & autres
volcans des Boutières, & creufé cette
grande gorge d'où l'on voit ce filon de
lave, (avant l'éruption qui combla le lit
de la rivière de cette couche énorme
de lave qui le couvre dans toute fa largeur,) dans ce cas, cette lave, au lieu
de fuivre le lit du fleuve, auroit coulé

vers cette gorge comme étant plus baffe
que le lit du fleuve qui étoit à fa droite,
& l'auroit remplie & mife de niveau
avec cette couche épaiffe de lave qui
s'élève fi haut au-deffus du lit. L'on ne
peut donc pas conclure que le filon de
lave qu'on voit dans cette gorge fue
l'effet d'un volcan d'une époque différente, & plus ancienne que le volcan
qui combla le lit de la rivière, de ce
que la lave que ce volcan avoit vomi a
été emportée : tout comme on ne peut
pas conclure que les filons de lave qu'on
voit moulés dans la roche calcaire, au
fond des vallons de Rochefauve, Barnés,
Sceutre, &c. excavés dans la montagne
du Coiron, foient d'une époque plus
ancienne que les volcans qui ont vomi
la lave qui couvre cette montagne, de
ce que la lave de ces filons ont vomi
été emportée par les eaux ; puifqu'il eft
démontré que tous ces vallons fi profonds
ont été de niveau avec la montagne du
Coiron & couverts de lave, de même
qu'elle, du volcan de la même époque.

    I X. Vous donnez aux volcans de

nos régions six époques ; pour moi , je
n'en connois que trois bien marquées ,
à moins qu'on ne veuille que chaque
coulée fasse son époque. Dans ce cas,
il faudra compter , pour le seul volcan
du Coiron , plus de vingt époques ;
parce qu'on y distingue plus de vingt
couches posées les unes sur les autres,
qui font autant de coulées. Ces couches
superposées sont distinguées & comme
séparées les unes des autres par un cordon rouge de trois à quatre pieds
d'épaisseur, & quelquefois de cinq à six
pieds ; mais je pense que ce n'est pas
ce que vous entendez.

Si j'assignois des époques à ces volcans de nos contrées , je n'en distin-
guerois que trois. Je placerois à la première ceux que vous reconnoissez pour
tels ; j'y joindrois ceux de Privas,
Rochemaure , Aps, Villeneuve , Au-
behas que vous dites sous-marins ; j'y
ajouterois encore ceux que vous placez
à la seconde & à la troisième. Je don-
nerois à la seconde ceux qui ont vomi
leurs laves dans des vallons excavés par

les courans, dans les anciens volcans.
Vous prouvez ces deux époques d'une
manière inconteſtable ; parce que *tout
contenu ſuppoſe un contenant*. Je laiſſe-
rois pour la troiſième ceux qui conſtent
par la tradition, ayant des noms analogues à des feux tels que ſont ceux des
volcans. Tel eſt celui de Saint-Paul ;
on donna à la montagne, ſur laquelle
étoit ſon cratère, le nom de *Tartas*. Tel
eſt celui qui eſt à l'orient de Thueytz
auquel l'on a donné le nom de *gueule
d'enfer*. La nouveauté de ceux-là paroît
encore par bien d'autres endroits ſur
celle du volcan du *Pas-d'Enfer*.

Ce qui prouve que les volcans que
vous dites ſous-marins, ſont de la même
époque que ceux du Coiron, c'eſt qu'ils
ſont tous dans le même baſſin, & qu'ils
communiquent tous les uns avec les autres par des filons qui portoient leurs
layes de bas en haut, & non dans un
ſens contraire.

Quand on ne verroit pas, comme
l'on fait, la communication des volcans qui ſont autour du Coiron avec

celui qui a couvert de fa lave la rivière
du Coiron, pourroit-on bien croire
que ce volcan qui a couvert de fa lave
cette rivière, eût coulé par tant d'endroits dans ladite rivière, fans qu'il eût
percé en aucun autre endroit du baffin ;
c'eft ce que je ne faurois me perfuader
fans de bonnes preuves.

XI. Pour avoir une idée jufte de
tout cela, il faut fe repréfenter le Coiron, & fes environs, avant les éruptions
& après les éruptions des volcans. Avant
les éruptions, c'étoit un large baffin,
au milieu duquel couloit un grand fleuve, qui avoit fon cours d'occident à
l'orient. La grandeur de ce fleuve fe
manifefte par la largeur & la profondeur de fes attériffemens. La largeur du
baffin devoit répondre à la grandeur
du fleuve, & par conféquent étendre
fort loin fes côtés latéraux dans le
Maillargues & au-delà, & du côté des
Boutières. Les feux fouterrains ayant,
par leurs mouvemens, percé de toutes
parts ce baffin de mille crevaffes, qui
vomiffoient de tous côtés des fleuves

de laves ; tout ce baſſin, ou du moins
une grande partie, fut bientôt couvert
d'une mér enflammée, qui ne fit qu'une
grande plaine, non ſeulement du lit de
la rivière, mais de tout ſon baſſin, &
par conſéquent des Boutières & du
Maillargués ; cette plaine devoit s'étendre auſſi loin que la lave qui l'avoit
inondée ; ſi le baſſin de ce fleuve ne ſe
fut pas rempli de lave juſqu'au haut de
ſes bords, il eût dû s'y former pluſieurs
lacs, parce qu'il étoit ſans doute ſil-
lonné d'autant de vallons qu'il y avoit
de ruiſſeaux & de rivières qui portoient leurs eaux dans le fleuve, &
tous n'avoient pas ſans doute des bouches de volcans ; alors la lave qui couloit dans le lit du fleuve, entroit par leur
embouchure, arrêtoit leurs eaux, &
les eaux de ces rivières arrêtoient à leur
tour la lave, qui, ſe refroidiſſant par
ſon contact avec l'eau, ſe coaguloit &
formoit une eſpèce de muraille juſqu'à
ce que la lave eût monté au-deſſus du
niveau des montagnes qui formoient les
bords du baſſin de ces rivières, de là

une grande quantité de lacs vers la source de ces rivières; ce n'est cependant pas l'origine des lacs de nos jours. J'assignerai la cause de ceux-ci; les premiers furent comblés ou emportés par les inondations qui survinrent; inondations que vous combattez aujourd'hui, mais auxquelles on ne pourra se refuser, quand j'en aurai expliqué l'origine, qui est des plus naturelles.

XII. L'on me dira, peut-être, si les Boutières, le Maillargués & les Cevenes, qui devoient être enfermés dans le bassin du fleuve qui passoit dans le Coiron & formoit ses côtés latéraux, ne faisoient qu'une même plaine avec le Coiron & la haute montagne, comment aujourd'hui toutes ces contrées ne font-elles qu'un pays hérissé d'une infinité de montagnes, dont la plupart s'élévent fort haut en forme de pain de sucre? Je réponds qu'il n'y a rien de plus facile à expliquer: comme tous ces pays ne formoient qu'une plaine couverte de lave après les éruptions des volcans, le moindre obstacle détournoit les eaux

& les faifoit circuler, tantôt elles fe féparoient, tantôt elles fe rejoignoient; elles fe féparoient à la rencontre de l'obftacle, & fe rejoignoient au-deffous, pour fe féparer au premier obftacle nouveau & fe rejoindre enfuite, & pendant les inondations qui excavèrent ainfi ces plaines & en firent des vallons & des montagnes.

De là ce grand nombre de monticules qu'on voit s'élever de toutes parts, en forme de pain de fucre, dans le Vivarais, fur-tout dans les Boutières & dans les Cevènes; de là auffi ce grand nombre de gorges croifières qu'on voit fur la crête des plus hautes montagnes par tout le Vivarais, qui font que tous ces vallons communiquent les uns avec les autres. Mais j'ai tort de m'étendre là-deffus, votre troifième planche, & l'explication que vous en faites, fuppofe tout ce que je viens de dire fur les hautes montagnes & fur les hautes Boutières, fur leurs ravins & leurs rivières. Vous fuppofez, avec raifon, que tous ces lieux ne faifoient qu'une plaine

couverte, après l'éruption des volcans
& avant les courans qui l'ont fillonnée
de tous ces vallons, & hériffée de toutes
ces montagnes qu'on y voit; que ce
font les eaux courantes qui furvinrent
après les éruptions volcaniques, qui fil-
lonnerènt tous ces pays de tous ces vallons; tout cela eft évident, mais il n'eft
pas moins évident que toutes les baffes
Boutières étoient auffi un plan horizontal avec les hautes & le Maillargués, cependant un peu incliné en même temps
& vers l'orient & vers le midi; vers
l'orient, parce que ces pays faifoient la
partie occidentale du baffin du Rhône;
vers le midi, parce qu'ils faifoient auffi la
partie feptentrionale du baffin de la méditerranée : tant les baffes Boutières que les
hautes & le Maillargués devoient être
couverts de lave; l'on voit encore que
la plupart des pointes des montagnes
des baffes Boutières en font couvertes.
Le Maillargués devoit encore mieux être
couvert de ces laves, puifqu'il faifoit la
partie méridionale du baffin de la grande
rivière dans laquelle couloit cette lave,

& fi de ce côté-là on n'y voit que peu de filons, c'eft qu'on voit auffi que les eaux y ont été plus fortes , & elles les ont mieux détruits. C'eft bien là auffi où elles devoient être plus fortes, parce que cette partie étoit fituée vers le bout du plan incliné, où s'alloient rendre les eaux qui tomboient dans tout le refte du plan.

Vous, dites, Monfieur, n°. 1747, que vous avez trouvé des pierres roulées bafaltiques dans une carrière de pierres, dites *pierres blanches*, fituée fous une terre mouvante de la plaine du Rhône. De là vous concluez, au n°. fuivant, que ce fait annonce d'une manière inconteftable qu'à cette époque des éruptions volcaniques les pieds des montagnes étoient arrofés des eaux de la mer. Vous avez prouvé, on ne peut mieux, en beaucoup d'endroits, que ce font les rivières & les fleuves qui ont creufé leurs lits, que ces lits ne font pas du tout l'ouvrage de la mer. Cependant ici vous devez fuppofer que c'eft la

mer

mer qui a formé le lit du Rhône, puifque vous prétendez que c'est elle qui
a formé au fond de ces plaines des
roches calcaires fecondaires, dans lefquelles vous avez trouvé ces cailloux
bafaltiques ; il faut donc que ce lit fût
formé quand la mer y dépofoit au fond
la matière de cette pierre fecondaire,
mêlée avec des pierres bafaltiques,
d'autant plus que les rochers qui font
le bord de ce fleuve, qui s'élèvent fort
haut, & forment, en plufieurs endroits,
des montagnes fur lefquelles l'on trouve quantité de cailloux roulés de ce
fleuve, ne font pas de cette pierre
blanche fecondaire, mais d'une pierre
que vous croyez plus ancienne ; il eft
donc incontestable que vous devez fuppofer le lit du Rhône formé par la mer
& non par le Rhône lui-même, ce qui
établit ce que vous avez combattu, avec
jufte raifon, dans tant d'endroits.

Je comprends, par ce que vous avez
dit ailleurs, que cette roche fecondaire, dont vous parlez ici, eft celle

Tom. VII.   G

qu'on trouve dans la plaine du Bourg,
au bord du Rhône.

Rien de plus facile à expliquer dans
mon fystême des inondations, que cette
roche fecondaire ; les deux rochers qui
s'avancent jufqu'au lit du Rhône &
fe répondent mutuellement, dont l'un
eft à fa droite & couvre la Baraque ; &
l'autre à fa gauche & met à couvert,
du côté de la bife, Donzère, prouvent
évidemment que le Rhône formoit anciennement là une grande cafcade ; fes
eaux, lors de ces grandes inondations,
fe précipitoient du haut de ces rochers
avec une force étonnante, y creusèrent
deffous un grand gouffre, qui faifoit
un efpèce de lac ; mais ayant creufé &
emporté jufqu'au niveau de la furface
de ce gouffre, le milieu du rocher qui
formoit la cafcade, le fil de l'eau paffé
au milieu de ce gouffre en le comblant
de pierres vers le milieu, & fes deux
bords mis à couvert par les deux rochers
qui avançoient de chaque côté, furent
comblés d'une terre fine mêlée de quel-

ques pierres volcaniques. C'eſt ainſi qu'il arrive encore au - deſſous des digues qu'on fait au bord des rivières. Cette terre fine , parmi laquelle il y avoit quelques pierres volcaniques, s'eſt pétrifiée dans la ſuite des temps. C'eſt dans cette terre fine & boueuſe qu'ont pu ſe nourrir ces coquillages qu'on trouve dans cette pierre, ſi toutefois ils ont été animés. Vous avez prouvé vous-même qu'il a été un temps où les animaux aquatiques pouvoient vivre indifféremment dans la mer ou dans les fleuves. Je crois bien que, comme vous le dites , les eaux de la mer ſont plus ſalées aujourd'hui qu'elles ne l'étoient dans leur principe , parce que tous les jours les rivières y traînent de nouveau le ſel, ſoit des mines, ſoit de la terre même , & ce ſel ne s'élève plus par les vapeurs.

Voilà, Monſieur, le peu de remarques que j'ai faites ſur votre quatrième tome, je le trouve plein de raiſonnemens très-ſolides ; vous y entrez dans un

G 2

détail qui n'eſt pas commun, & vous y développez des vérités que perſonne n'avoit encore découvertes.

J'ai l'honneur d'être, &c.

ROUX, Curé.

A Fraiſſinet, ce 30 Juillet 1782.

OBSERVATIONS

S U R les Lettres de M. l'Abbé R o u x.
Réponses aux objections qu'il a faites
sur la méthode que j'ai établie pour dé-
terminer la nature des révolutions ar-
rivées à la surface de la terre en Viva-
rais ; leur donner un ordre chronolo-
gique ; débrouiller les opérations du
feu souterrain, de l'eau maritime, de
l'eau des fleuves, & suivre la nature
dans la série de ses phénomènes.

ÉTAT ACTUEL DES MONTAGNES DU COIRON.

POUR l'intelligence de notre honnête
différend, il faut décrire, en peu de
mots, l'état des montagnes du Coiron,
exposer une suite de faits dont nous con-
venons de part & d'autre : M. Roux les
avoue véritables ; habitant depuis long
temps sur ces hauts pics, il s'est formé

3G

un tableau topographique de ces lieux :
je reconnois ce tableau fidèle, ayant
souvent visité ces hautes contrées : j'en
ai même donné une Carte dans le
Tome VI, page 275, que M. Roux
a reconnue exacte dans ses lettres privées : elle aidera l'esprit pour l'intelligence de cette courte description.

§. Ier.

Nature & composition des Montagnes du Coiron.

La masse ou le corps le plus apparent
de cette haute montagne est calcaire,
avec diverses sortes de pétrifications.

Au-dessus se trouve un ancien lit
de rivière, composé de sable, d'atterrissement, cailloux roulés granitiques,
basaltiques, quartzeux, &c. &c.

Enfin le tout est couvert supérieurement, & couronné d'un énorme pla-
eau de laves.

Voilà en trois phrases, trois sortes
de matières superposées qui forment
la montagne ; nous sommes d'accord

tous deux, qu'elles annoncent trois états divers de la nature en ces lieux, trois époques differentes, trois opérations par trois agens différens, trois formations : favoir, 1°. la formation de la roche calcaire inférieure par la mer, ou par le déluge, felon M. Roux ; 2°. après la retraite de la mer, la formation du lit fluviatile fupérieur qui a délaiffé fes atterriffemens ; 3°. la formation de la matière volcanique ultérieure dans l'ordre des temps, mais fupérieure en pofition ; d'après le principe que j'ai fi fouvent établi, favoir que *toute couche hétérogène pofée fous une autre, eft bien inférieure en pofition, mais antérieure en exiftence*, parce que dans la formation de tout édifice, le fondement eft établi le premier. On a vu dans le cours de cet Ouvrage, combien l'application de ce principe a débrouillé le chaos qui régnoit dans l'étude de nos montagnes.

§. II.

Formes géographiques des Montagnes du Coiron.

Comme ces trois fortes de matières se préfentent en grand, & qu'elles forment une montagne, fort haute, les formes de cette montagne font également impofantes ; cette énorme maffe eft coupée prefqu'à pic, fur-tout du côté du nord & du côté du midi, & de larges & profondes vallées creufées auffi, prefqu'à pic, partent du fein du Coiron & de fa plaine fupérieure, où l'on trouve les villages de Seautres, Berzeme, Fraiffinet, S. Géniez, &c.

Ainfi cette étonnante montagne, compofée de roche calcaire, d'un lit de fleuve, & d'un chapeau de laves, prefque horizontal, eft coupée à pic d'une manière prefque circulaire ; elle fe trouve auffi déchirée de vallées, également coupées à pic, qui partent comme du centre vers la circonférence : ces vérités font inconteftables, mais nos conféquences ne le font pas.

§. III.

Sentimens réunis de M. l'Abbé R o u x
& de l'Auteur de cet Ouvrage.

Nous fommes d'accord que la mer
a dû former la maffe calcaire de la
montagne, foit qu'elle foit l'ouvrage
d'un déluge ou de l'ancien océan;
qu'après fa retraite, de quelque manière qu'elle ait pu s'opérer, le terrein étant devenu continent, eft devenu auffi lit de fleuve; & que dans un
temps inférieur, des coulées de laves ont
pris la place des eaux fluviatiles & les
ont éloignées, ont couvert l'atterriffe-
ment d'un plateau fupérieur de laves;
& qu'enfin des eaux quelconques,
foit fluviatiles, foit des déluges fous
Ogygès & Deucalion, comme le dit
M. Roux, ont attaqué cette montagne, creufé des vallées divergentes,
& coupé à pic d'une manière à-peu-près
circulaire les bords du plateau fupé-

rieur du mont Coiron. Il résulte donc
que nous sommes d'accord sur les faits
majeurs, sur les trois principales époques, & sur les trois agens qui ont
opéré, dans des temps divers, ces trois
grandes révolutions; nos sentimens va-
rient dans les accessoires seulement.

PREMIÈRE RÉPONSE

Sur la diminution des eaux de la mer, Tome VI, page 509.

Il faut distinguer soigneusement deux
phénomènes qu'on observe dans toutes
les mers. Leur abaissement de haut en
bas & leur retraite. Ce double phénomène en a produit d'autres secondaires, que la plupart des Naturalistes
ont confondus, & que je vais tâcher
d'éclaircir.

1°. L'abaissement du niveau de haut
en bas est un fait aujourd'hui incontestable en Histoire naturelle; il est
prouvé par la station des coquilles pétrifiées sur toutes les hauteurs calcaires;

il eſt confirmé par celle des mines de ſel délaiſſées dans des anciens lits remués par l'eau maritime ; le niveau de la mer a baiſſé, & ces monumens atteſteront à toute la poſtérité ce phénomène : M. l'Abbé Roux, qui a reconnu avec moi, ſur les hauteurs calcaires, diverſes pétrifications, ne peut le révoquer en doute.

La cauſe de ce grand fait, il eſt vrai, n'eſt pas également démontrée : les uns ont aſſuré, 1°. que l'eau de la mer perdant plus par évaporation qu'elle n'acquiert par les rivières & les fleuves, diminue néceſſairement ; 2°. d'autres ont dit que les entrailles de la terre avoient abſorbé dans de vaſtes concavités les eaux maritimes qui inondoient le globe ; d'autres, que c'étoit ici un travail diluvien.

Mais quelle que ſoit la cauſe, l'effet eſt certain ; la mer a couvert nos plus hautes montagnes, & ſoit qu'elle ait diminué peu-à-peu, ou tout-à-coup, ce fait ne peut être contredit. Première concluſion.

2°. Les mers recevant les fleuves dans leur sein, reçoivent également un torrent de sables fluviatiles qui l'éloignent de ses bords & en prennent la place. Ce fait est prouvé dans l'Histoire naturelle des embouchures du Rhône, avec tous ses phénomènes subséquens, Tome V.

3°. Mais il ne faut pas confondre cette seconde retraite qui se fait en sens horizontal, avec cette retraite de la mer qui se fait également en sens horizontal, mais qui est opérée par l'abaissement des eaux : dans les deux cas la mer se retire, mais dans le premier elle se retire par abaissement, & dans le second par addition d'un corps étranger qui prend sa place & la fait reculer.

Or comme les causes de ces deux retraites agissent avec des forces bien différentes, les effets sont également bien différens dans le même espace de temps.

La retraite des eaux de la mer, occasionnée par l'abaissement de ses eaux, est aujourd'hui très-lente : elle est l'effet des siècles accumulés ; tandis que la retraite de ces eaux par l'arrivée des atterriſſemens étant l'effet d'une dégradation continuelle des Continens, eſt ſuſceptible non ſeulement de preuves hiſtoriques, mais de preuves phyſiques.

Réſultat & preuve ultérieure de la diminution des eaux de la mer, & de l'abaiſſement de leur niveau.

Cette diſtinction de deux faits entraîne avec elle cette vérité de conſéquence très-remarquable : ſi tous les fleuves & toutes les rivières jettent dans la mer des atterriſſemens ; ſi le globe terreſtre perd ſans ceſſe dans les Continens, & ſi les fluides & la peſanteur ont toujours déterminé les corps ſolides à ſe jeter dans le baſſin de la mer ; enfin ſi toutes les côtes du monde verſent les débris mobiles des Continens, on objecte en vain que ſon niveau eſt encore le même à Marſeille, Cadix, Oſtie, Smyrne, Tyr, Sydon, Alexandrie, Bizance, &c. &c. L'hiſtoire des ports de ces anciennes villes appartient aux temps hiſtoriques, & la ſtation plus

élevée des mers eft d'une autre antiquité;
puifque les travaux des mers dans leurs
anciennes ftations font la plupart dé-
labrés par l'injure du temps , & prouvent
inconteftablement ces époques éloignées. La diminution de la mer eft donc
un phénomène , lent & infenfible , comparable à la diminution des montagnes ,
phénomène également certain , mais
prouvé non par des témoignages hifto-
riques , mais par l'afpect du local &
des déblais de leur fculpture.

Il faut donc ou que la maffe totale des
eaux de la mer fe perde dans la terre
petit-à-petit & que fon niveau diminue ,
ou que fes eaux s'élèvent d'autant.

Or il eft démontré au contraire que
ce niveau , au lieu de monter , par l'ac-
quifition des atterriffemens qui font
verfés de toutes parts , & des embouchures de tous les fleuves du monde ,
n'abaiffe pas : en effet on trouve au-
deffus de ce niveau des fontaines falées ,
fituées au-deffus & dans le voifinage
de la méditerranée , des mines de fel
dans le Continent , des coquilles pétri-

fiées & non pétrifiées, diverfes roches de Nîmes & de Montpellier, femblables à celles que forme la mer en divers endroits fous les eaux.

La mer a donc perdu fon ancien niveau plus élevé, elle eft defcendue verticalement au-deffous de fes anciens ouvrages, elle a laiffé les monumens de fes anciens travaux; & quoiqu'elle reçoive des atterriffemens de tous côtés, on voit qu'au lieu de remonter, elle eft defcendue : donc le niveau de la mer eft defcendu, donc elle s'eft retirée.

Cette fuite d'obfervations explique les différens monumens des mers & renverfe divers paradoxes de ceux qui prétendent que la mer gagne d'un côté & perd de l'autre. Cet aperçu-là eft faux. Pour faire voyager les mers de la forte, il faudroit tranfporter auffi les chaînes de montagnes qui les contiennent & font leur baffin : cela eft facile en imagination, mais cela eft difficile en réalité.

Ces obfervations expliquent encore le fens de mes expreffions : quand j'ai dit en divers endroits *que la mer ne reculoit pas*, c'eſt que les érudits en Hiſtoire Naturelle ſachant que nous avons eu d'anciens ports de mers, aujourd'hui délaiſſés dans les Continens, ont aſſuré que la mer avoit reculé, tandis que des ſables ſeulement en ont pris la place.

Il eſt évident que les atterriſſemens ajoutés au Continent ne peuvent permettre de conclure un tranſport des mers.

La mer *recule* donc & *ne recule pas*, elle recule dans ſes bornes dans les temps hiſtoriques, elle ne recule pas avec ſon baſſin; en reculant à cauſe de ſes atterriſſemens, elle ne recule pas par diminution ou abaiſſement. Le phénomène qui la fait reculer par abaiſſement, étant aujourd'hui très-lent, inſenſible & probable ſeulement par la vue & l'état des anciens ouvrages de la mer délaiſſés dans les Continens, il eſt permis de dire, dans l'occaſion, à la vue des atterriſſemens, que la mer ne reculoit pas. Réſumons ces différens

différens mouvemens de l'élément liquide.

L'eau qui a couvert les Continens
s'eft précipitée dans des bas-fonds, elle
a formé les mers, délaiffé à fec les
Continens, quand le Créateur l'a voulu.
C'eft le premier & plus ancien mouvement de l'empire aquatique, d'où font
réfultés les Continens.

Les mers, depuis cette chûte dans
leur vafte océan, ont dû encore diminuer petit-à-petit, parce que la terre
remplie de finuofités & de fentes a
reçu dans fon fein une certaine quantité
d'eau, & parce que les volcans, projetant
au-dehors une grande quantité de matières, ont pu permettre à l'eau maritime de s'engouffrer dans divers boyaux
fouterrains, formés par les tremblemens
de terre : enfin les marins parlent de
divers gouffres où l'eau, tournant autour
d'un centre, fe jette dans les voûtes
fouterraines. Il y a donc des preuves de
fait que la mer diminue lentement ; fes
bords doivent donc reculer : mais le
phénomène eft fi lent, fi infenfible,

qu'un Naturaliste, qui en est persuadé, peut assurer la négative à une personne qui croit que la mer recule, parce que des anciens ports se trouvent dans les Continens.

Depuis que les eaux de la mer ont occupé leurs places, les continens ont été exposés à toute l'intempérie des saisons & à l'action des eaux fluviatiles. M. Roux explique l'excavation des vallées du Coiron par des déluges d'Ogygès : je l'explique comme il suit :

SECONDE RÉPONSE,

page 315.

Comment se forment les vallées ?

C'est à l'eau courante sur la surface de la terre sèche, d'un lieu plus élevé vers un plus bas, qu'on doit attribuer la largeur, la profondeur & la forme des vallées. Que la nature emploie pour cet objet une longue suite de siècles, peu importe. Nous connoissons des

périodes ; des phénomènes aftronomi-
ques, phyſiques, &c. dont la durée eſt
auſſi conſidérable : que ſeroient trente
ſiècles pour la nature ? notre imagination
bornée par de courtes durées ne peut
s'accoutumer aiſément à une longue ſuite
de temps ; mais qu'eſt-ce qu'un ſiècle,
& qu'eſt-ce que trente ſiècles dans l'ordre
des phénomènes de la nature ? auſſi
l'excavation des vallées occaſionnée par
une cauſe qui a peu d'énergie, eſt-elle
l'ouvrage d'une longue ſuite de ſiècles ;
& M. l'Abbé Roux convient que depuis
le règne de Céſar, le ruiſſeau d'Auzon
a pu creuſer au moins une toiſe, obſervation confirmée ſous le pont du Gard
où les eaux ont creuſé le ſol, (ainſi que
je le dirai dans l'*Hiſtoire Naturelle de
Nîmes*) depuis la fondation de ce
pont.

Une autre preuve de l'excavation des
vallées par les rivières ſe tire de l'aſpect
de nos coulées de laves baſaltiques :
cette matière coulante, une fois expulſée par les volcans, remplit tous les
bas-fonds des vallées, elle arrêta le

cours des rivières qui les occupoient: depuis cette époque les eaux des rivières ont rongé peu-à-peu toutes ces coulées, creusé un lit nouveau, récupéré leur ancien domaine, & formé une vallée dans la vallée même déjà exiſtante; il faut rétablir en eſprit l'ancien plain, en obſervant les reſtes latéraux à droite & à gauche de la coulée baſaltique: ſi donc les rivières rongent juſqu'à deux ou trois cens pieds de profondeur dans ces coulées de laves, comme à Antraigues, au pont d'Aulière, &c. pourquoi né creuſeroient-elles pas le granit moins compacte? L'excavation d'une vallée dans la lave n'eſt que la continuation de l'excavation de la vallée dans le granit.

M. Roux lui-même avoue un peu plus bas, *Tome VI, page 317, que les rivières commencent à trouver leurs anciens lits dans le ſein des laves qui les occupent*: s'il ne croit pas à cette excavation fluviatile qui s'opère ſous nos yeux, il faudra encore des inondations que nous ne voyons pas.

TROISIÈME RÉPONSE,

page 317.

On la trouve dans le Tome IV de cet Ouvrage, page 149, & 770.

QUATRIÈME RÉPONSE,

page 321.

Comment, dit M. Roux, la petite rivière de Luffas a-t-elle pu creufer, entraîner fes matériaux autrefois fi élevés, fans fe jeter dans la grande vallée d'Ardèche plus profonde, & comment l'Ardèche elle-même n'a-t-elle pas fuivi la large vallée de la Chapelle plutôt que de paffer à travers la gorge de Vogué & de Saint-Sernin ?

RÉPONSE. Cette objection fuppofe une connoiffance parfaite du local, & devient fpécieufe? Voyez ma Carte enluminée du Vivarais : une inondation ne peut creufer le globe terreftre de telle manière que fes courans infiniment ramifiés fur les hauteurs fe réuniffent

H 3

& deviennent moins ramifiés vers les approches des fleuves : on a vu dans tous les baſſins des fleuves & rivières mille petites vallées aboutir à d'autres vallées, & former le ſyſtême d'un arbre compoſé de petites branches unies à de plus groſſes qui tiennent au tronc : voilà des vallées convergentes, on conçoit auſſi les vallées divergentes des hauteurs des montagnes.

C'eſt le propre des inondations au contraire de renverſer les ſurfaces ſeulement du ſol ſans creuſer verticalement dans les couches de la terre.

Les eaux des rivières au contraire creuſant ſans ceſſe le ſol ſur lequel elles paſſent, ſillonnent la roche vive, ſans rien ſoulever, laiſſent à droite & à gauche la correſpondance des couches, monument de l'ancienne contiguité : ce n'eſt donc point à une inondation particulière qu'il faut attribuer le ſyſtême admirable des vallées.

Il eſt vrai que la plaine de Luſſas a dû être jadis au moins autant élevée que le Coiron pour qu'elle contînt &

le lit de la rivière plus enfoncé & les
laves elles-mêmes qui l'occupèrent; mais
cela n'empêche pas que ces vallées
n'aient été creusées par les eaux courantes postérieures à la retraite de la
mer ; & comme ces eaux courantes ont
été moins actives que celles de l'Ardèche, il fuit qu'elles ont moins creusé.
La rivière d'Auzon prend sa source à
Fraissinet, à près de deux lieues de diftance feulement ; l'Ardèche au contraire
aidée de toutes les eaux de la montagne
a dû creuser l'immense vallée & dé-
laisser les atterrissemens du pont d'Aubenas & autres supérieurs. En Coiron,
l'agent deftructeur a dix degrés de force, mais l'Ardèche en a cent : depuis
cette ancienne époque l'Ardèche a
donc travaillé comme cent, & l'Auzon
comme dix : l'Auzon doit donc être en
arrière, ce qui fait préfumer que le volcan
du Coiron eût pu vomir dans la vallée
d'Ardèche qui alors n'exiftoit pas encore.

L'Ardèche a coupé le lit récent qu'elle
s'est fait du côté de Vogué & de Saint-

H 4

Sernin ; & elle a excavé de haut en bas
& coupé les couches correspondantes.
Il ne paroît pas qu'une inondation ait
pu opérer ce prodige. Une inondation
agit fur les furfaces, & jamais en profondeur.

La vallée de Saint-Sernin qui commence à l'Efcrinet, paffe à Veffaux,
Saint-Privat, Saint-Didier, Saint-Sernin, La-Chapelle, Uzer jufqu'à Joyeufe;
le phénomène de cette vallée circulaire
tient à un plus grand phénomène de la
nature, ce n'eft pas précifément une
vallée, mais demi-vallée, n'ayant principalement qu'un rempart oriental prefque par-tout perpendiculaire du côté
des montagnes calcaires.

Cette vallée n'a pas été précifément
formée par les rivières ; elle coupe à
angles droits leurs cours, leurs vallées
& leurs eaux qui coulent de la chaîne
des montagnes cévénoles, & dépend
d'une autre affection du globe, elle
fépare ou elle avoifine la féparation du
fol granitique d'avec le fol calcaire; elle
eft décrite Tome III, Sa formation

trouvera ailleurs fa place. Il fuffit de
dire ici que les eaux courantes l'ont
autrefois inondée , & que pour s'en
échapper elles ont ouvert à la longue
diverfes portes comme celle de l'Ardèche à Vogué , celle d'Uzer , &c.

CINQUIÈME RÉPONSE,

page 322

Il n'eft pas très-certain que l'Ardèche
coula autrefois fous les couches volcaniques du haut Coiron, quoiqu'on obferve les mêmes cailloux roulés : tout
autre courant traverfant des pays où fe
trouve la même pierre , pouvoit opérer
le même effet : une inondation ne peut
avoir opéré cette cataftrophe, elle ne
peut avoir enlevé les anciennes roches
qui manquent aux bords du Coiron,
& qui lui étoient contiguës, c'eft plutôt
l'action lente d'une mer qui vient battre
les flancs d'une montagne : le fond du
baffin de cette mer ne détruit pas les
roches vives de cette manière, c'eft
l'ouvrage du temps , & non pas d'une

inondation passagère. Les inondations
dont l'histoire fait mention se font ma-
nifestées par des pluies : quelque con-
sidérables qu'on les suppose, la pluie
qui tombe enlève tout au plus la croûte
du globe ; en supposant qu'une pluie
de quarante jours dût inonder la terre,
former le second déluge que M. Roux
appelle celui de Deucalion, & ajoutât
à sa superficie une telle quantité d'eau
que sa plus haute montagne supposée
de deux milles toises en fût couverte,
qu'arriveroit-il encore ? Les possibilités
suivantes, l'eau s'éleveroit chaque jour
comme par échelons jusqu'au quaran-
tième ; alors un flux & reflux universel
domineroit sur l'élément liquide, il
empêcheroit les mouvemens & les courans particuliers, & au lieu de dissoudre
les montagnes, il remueroit seulement
la surface. L'océan remue à peine le
fond de son bassin, la pêche du corail
prouve que ces dérangemens opérés par
les courans sous-marins, sont si peu
énergiques, que cette substance pré-
cieuse n'y est pas dérangée. La mer la

plus irritée venant battre fur des côtes
n'en attaque que la fuperficie ; la deftruction n'eft que l'ouvrage des fiècles
accumulés : enfin les loix d'une bonne
phyfique ne fauroient tolérer le fyftême qui foutient qu'une inondation a
pu diffoudre le globe terreftre , &
trancher nos montagnes , changer en
atterriffemens , en cailloux arrondis le
bafalte , le granit & le marbre , former
les vallées convergentes & divergentes
décrites dans mon Tome VI.

Au refte M. Roux avoue, 1°. l'exiftence des roches calcaires élaborées
par l'eau qui couvroit nos montagnes.

2°. Il avoue que dans un temps ultérieur cette roche fut creufée en vallée
pour recevoir le lit de l'ancienne
rivière des hauteurs du Coiron ; fi l'eau
fluviatile n'a pas formé cette vallée par
excavation, il faut un autre déluge. Un
déluge eft encore néceffaire pour expliquer l'excavation des vallées qui ont
été formées dans la lave , dans l'ancien
lit de rivière qu'elles coupent à angles
droits.

Un autre déluge est nécessaire encore pour détruire, démanteler les volcans d'Aps, de Rochemaure, de Privas qui vomirent après l'excavation de ces terrains.

Enfin comme les laves du Coiron, les granits & les pierres calcaires, détriment des hautes montagnes, forment les atterrissemens & les plaines de Languedoc & du Comtat, & même de petites chaînes de montagnes de cailloux roulés où j'ai reconnu en détail, à Saint-Just sur-tout, la minéralogie du Vivarais, il faut un dernier déluge pour creuser des vallées dans ces déblais des hautes vallées vivaroises; car il a fallu que ces plaines de cailloux roulés existassent comme débris des autres vallées supérieures, avant d'être creusées en vallées tertiaires.

Voilà donc divers déluges séparés & nécessaires pour expliquer toutes ces sortes différentes de destructions arrivées dans nos montagnes, arrivées dans des temps différens, & apparentes sur des monumens qui les attestent.

Cette variété de deſtructions dans des temps divers ne peut être prouvée par des obſervations plus évidentes ; & les époques des monumens ne peuvent être plus diſtinctes. Il falloit que l'immenſe roche calcaire du Coiron fût inondée d'eau pour ſa formation, avant de devenir partie du continent ; *premier déluge* : devenue continent & arroſée par les eaux fluviales, il falloit ou que le fleuve la creusât, & alors nos vues ſont les mêmes, ou qu'un autre déluge vînt tracer une vallée dans la roche, formée par le premier ; *ſecond déluge :* on ne peut pas dire que le premier déluge avoit déjà formé cette vallée, car il y a deux temps dans cet objet, le temps de la formation pendant lequel la mer forme des couches calcaires, & le temps de deſtruction pendant lequel un autre agent tranche & coupe ces couches & rend les montagnes ſaillantes, par la ſouſtraction d'une partie intermédiaire : il y a donc deux cauſes, celle qui crée & qui forme, & celle qui détruit & ſouſtrait. Le ſecond déluge reſte prouvé.

Ensuite quand la coulée de lave a rempli toutes les vallées, rétabli l'horizontalité, pour détruire le troisième ouvrage formé ultérieurement dans l'ordre des temps, il faut également un troisième agent destructeur, c'est-à-dire *un troisième déluge* qui vient couper à pic, *à rive taillée*, comme dit M. Roux, ce dernier travail, ce grand plateau supérieur de laves. Quand la sculpture du Coiron est achevée, quand les déluges l'ont façonné tel qu'il est, quand son pied est bien dégagé, & que de nouveaux volcans brûlent dans cette base tout alentour, il faut un *quatrième déluge* pour démanteler ces monumens de l'élément igné, puisque M. Roux ne les croit pas sous-marins. Enfin quand tous ces déblais de la sculpture supérieure du sol vivarois sont portés dans le pays inférieur, quand ils ont formé une fois ces mêmes magnifiques plaines, il faut également un *cinquième déluge*, soit pour le transport de ces atterrissemens, soit pour l'excavation des lits des rivières dans une plaine où les cailloux

roulés font souvent par couches entre-
mêlés de lits de fable & d'argile, qui fe
correfpondent & fe reffemblent à droite
& à gauche des fleuves & prouvent
l'ancienne contiguité. Or toutes ces
deftructions opérées par des déluges,
dans le fyftême de M. Roux, s'expliquent par l'action lente des eaux : que
coûtent à la nature les fiècles néceffaires
à la fculpture de nos montagnes, à la
profonde coupure des couches calcaires, & des couches de lave ? Nous
voyons dans les eaux de nos rivières
le cifeau rongeur du temps : nos yeux
nous montrent ce qui s'eft paffé dans
les anciennes périodes du monde phyfique, ne recourons donc pas à une
fuite de déluges néceffaires pour expliquer l'action de cet agent fur des monumens de diverfe date.

SIXIÈME RÉPONSE,
page 328, Tome VI.

Qu'un déluge ou une inondation n'ont pu former les vallées divergentes du haut Coiron.

Nous avons vu ailleurs que le principe qui a établi les roches calcaires, qui a formé les couches les unes fur les autres, est différent du principe destructeur qui a coupé à rive taillée toutes ces superpositions ; nous avons vu également que le même principe fluide, qui avoit étendu horizontalement les grandes coulées de laves, étoit différent du principe destructeur qui avoit coupé la coulée, & creusé dans son sein une vallée ; ici c'est encore l'eau fluviatile qui détruit ce que la fluidité éignée avoit édifié ; comme c'est l'eau fluviatile qui détruit aussi la contiguité des couches déposées par la mer. Cette preuve répond à une prétendue difficulté de je ne sais quel Critique, qui,

entassant

entaffant volumes fur volumes contre
les obfervations des Naturaliftes, dont
il ne peut connoître ni l'enfemble, ni
la nature, écrivoit que les roches calcaires du Jura n'avoient pu être élevées
ainfi en pointe, parce qu'elles étoient
fluides ou molles dès leur formation,
& comme il fait qu'un fluide coule &
ne s'élève pas en pointe, il vouloit renverfer, par des principes de Phyfique,
l'ordre des obfervations des Naturaliftes.

Avec plus de fens, M. Roux reconnoît la différence entre l'agent qui forme & celui qui détruit. Nous diffé-
rons fur cet article, non du fait qui
eft admis de part & d'autre, mais de
la manière dont il eft expliqué: M. Roux
a recours à divers déluges, tandis que
je reconnois les eaux courantes fluviá-
tiles comme l'inftrument qui détermine
la fculpture de nos montagnes.

Je réponds donc au Philofophe de
Fraiffinet, en me tranfportant en idée
dans fa Paroiffe, & décrivant les lieux
dont je n'ai pas oublié l'image, & je dis:

Si les courans diluviens ont formé les vallées du Coiron, ils ont eu leur force déchirante dans la même direction que les vallées creusées. Or Fraissinet est un centre d'où partent vers le nord, les deux vallées d'Ovèse & la vallée de Paire, au midi les deux vallées du Chaud-coulant, les deux vallées d'Auzon ; voilà donc des vallées qui partent d'un centre vers la circonférence, & pour que le déluge ait pu creuser dans tous ces sens, il faut que, vers Fraissi-net, les eaux diluviennes aient eu une force centrifuge dans tous ces sens, & que leurs parties se soient séparées pour agir vers la circonférence ; mais quelles forces contradictoires possèdent donc les eaux pour opérer ces effets ?

Ce raisonnement s'applique à toutes les hautes montagnes, & il faut croire que M. de Saussure, partisan de cette hypothèse dans son premier volume, nous expliquera, dans son second, pourquoi tant de profondes vallées des-cendent, en sens divergent, des Alpes, du S. Gothard.

Je demanderai encore comment dans les bas-fonds il peut arriver que toutes ces formes divergentes deviennent convergentes, pour établir des enfoncemens & un centre où se jettent toutes les eaux, & où se rendent toutes les vallées ? Je concevrois mieux, il est vrai, comment divers courans coïncident à-peu-près vers le même point; mais il ne me sera jamais donné de comprendre comment d'un point supérieur, comment du centre d'un plateau de montagne partent, d'un point commun, des courans divergens, comme la lumiere fuit dans tous les sens possibles de divergence, le corps lumineux.

D'ailleurs une inondation ne dissout jamais le sein des montagnes; elle peut occasionner des déplacemens, mais elle ne peut changer en sable, en gravier, en cailloux roulés les roches vives des montagnes; les cailloux roulés ont été arrondis par le laps de temps, parce qu'ils ont été remués, & que leurs parties les plus éloignées du centre étant devenues les plus foibles, les plus isolées, les moins foutenues, ont fuccombé au choc des autres cailloux voifins & ont été élaborées par l'eau courante. Une inondation paffagère, non feulement ne peut fendre les montagnes, déchirer leurs entrailles, couper à pic de longues vallées, mais elle ne peut encore fculpter les cailloux roulés, les arrondir & les polir.

Les déluges n'ont pas plus de force que ces torrens formés par des averfes, qui précipitent du haut des Alpes & des Cevènes, ces horribles maffes de fange, de terre, de pierres & de rochers; cette informe débâcle, qu'on ne connoît pas dans les pays de plaines, jette dans le fol inférieur les détrimens des montagnes fupérieures dans leur état anguleux; rien n'eft arrondi, rien n'eft poli; il faut un long féjour dans le lit ou la plaine de l'Arve, de l'Ardèche, du Gardon, &c. &c. pour que les matières que le torrent a eu la force de détacher, foient polies, arrondies.

La force qui détache n'eft donc pas celle qui a donné les formes des atterrif-

femens; un déluge n'en eut jamais le pouvoir ; tous les déblais de nos montagnes
tranſportés dans nos plaines, polis, arrondis, atténués, ſubdiviſés, allégés, mé-
langés, mobiles ou mouvans, ne peuvent
donc pas avoir été détachés, tranſportés
& formés par la ſeule action d'un déluge,
d'une débcâle, d'une inondation.

SEPTIÈME RÉPONSE,

page 329, Tome VI.

Mais ſi telle étoit l'action des fleuves, les
eaux courantes ne creuſeroient - elles
pas tous les jours? Cependant les bas-
fonds des vallées ſont ſouvent couverts
de terre végétale : eſt-ce que l'action
s'arrêteroit?

Réponſe. Les atterriſſemens préſen-
tent des phénomènes ſinguliers ; tantôt
ils ſont ſtationnaires au-deſſus de l'eau,
tantôt mobiles par l'eau, tantôt à ſec,
tantôt mobiles ſous l'eau.

Les montagnes n'ont pas été formées
tout-à-coup. J'ai montré dans le cours

I 3

de cet Ouvrage comment les pierres primitives ont été altérées, & ont servi à la formation de tant de pierres secondaires. Qu'une grande & longue vallée horizontale reçoive une vallée latérale plus inclinée, celle-ci versera les atterrissemens dans la grande, l'obstruera, formera un lac ou un grand dépôt : la grande vallée ne sera plus excavée, c'est un vaisseau oblitéré pour un temps : le Rhône chariant plus qu'autrefois, a fermé les passages de la rivière de Viviers, dont les atterrissemens restent stationnaires.

D'autres fois les gelées détachent plus de matières que l'eau n'en peut emporter.

Enfin il est des atterrissemens qui ne sont plus mobiles, mais stationnaires, parce que, accumulés dans la plaine, le terrein est devenu enfin & à la longue horizontal : mais remontez vers la source du ruisseau, vous arriverez au vif de la montagne, & vous verrez les dégradations annuelles.

HUITIÈME RÉPONSE,

page 350, Tome VI.

Mais il y a des gorges dans les montagnes où il ne paffe pas d'eau.

Réponfe. Il fuffit que, dès la formation de ce lieu le plus haut de tous, il y ait eu un efpace moins bien pétrifié, pour qu'il y ait eu une vallée, ou une gorge ou crevaffe : là agiffent plus aifément la gelée & les vents ; les pluies détériorent cette foible partie ; j'ai vu dans des roches en plaine des crevaffes ainfi occafionnées, & des quartiers de montagnes tomber en ruine, parce que dans ces lieux la matière s'argilifioit. Enfin dans tout édifice la partie la plus foible fuccombe la première ; les foibles parties ont dû devenir le commencement des vallées ; c'eft pourquoi des roches pointues & efcarpées dominent dans les hautes montagnes.

N. B. Les réponfes, depuis la préfente qui eſt la VIIIe. juſqu'à la XXIIIe, incluſivement, ſe trouvent dans les précédentes, dans l'*Hiſtoire naturelle des époques des volcans*, *Tome IV*, *page* 127 *& ſuiv.* dans l'*Hiſtoire des embouchures du Rhône*, *Tome V* ; & ſur-tout dans les *Principes de la théorie des vallées*, *Tome VI.* Il ne reſte que quelques obſervations à faire ſur le ſyſtême des lacs de Sulzer, à cauſe de quelque analogie que préſente ſon ſyſtême avec celui de M. l'Abbé Roux.

J'ai déjà montré dans le Tome VI, en parlant de la *Théorie des vallées*, combien peu ce ſyſtême étoit appuyé ſur l'obſervation, tant celui de Sulzer lui-même, que les opinions mal digérées & mal conçues des diſciples qui le déſavouent, en s'appropriant le réſultat de ſes travaux.

DU SYSTÊME DES LACS, DE SULZER.

Dans l'état primitif du globe, dit cet Académicien de Berlin, les vallées étoient remplies d'eau & formoient autant de lacs : dans cet état des chofes, quoiqu'il n'y eût point de rivières, la circulation des eaux fe faifoit par des cafcades & par évaporation. Alors les Pyrénées, les Alpes, les montagnes de Bohème, de Thrace, &c. renfermoient ces lacs. Des tremblemens de terre fendent le baffin de ces amas d'eau, & voilà des écoulemens impétueux qui charient tout ce qui étoit dépofé au fond du lac, détachent d'autres matières. Tout cela eft porté avec les eaux & par les eaux dans l'océan, réceptacle univerfel de toutes chofes ; là fe forment des îles nouvelles & fecondaires, & des atterriffemens qui font reculer la mer, établiffant des terres habitables.

Sulzer explique ainfi par des inondations ces tranfports des matières détachées, qui forment les plaines voifines des mers, & qu'on fait être un détriment des hautes montagnes. Les lacs de Conftance, Genève, Zuric, Thunn, Tagge - Maggiore ont été creufés, dit-il , par la force de l'eau sortie avec impétuosité des vallées voisines. D'ailleurs ces lacs se trouvent visiblement dans les gorges des montagnes.

Le même Auteur explique encore la pente des couches des roches qui sont à la surface des montagnes. Les écoulemens des eaux , dit-il, ont dû causer en différentes manières des éboulemens; les couches formées par des dépôts & sédimens de plusieurs inondations successives ont été horizontales dans leur origine , un écoulement survenu a changé cette première position.

Enfin Sulzer attaque par ce système nos *mémorables* inondations , & veut détruire l'universalité du déluge, contre laquelle il ne présente aucune raison physique. Il dit que son système explique un fait qu'on a fort mal compris jusqu'à lui, le déluge dont les historiens de tous les peuples conviennent, ceux de Noé , d'Ogygès , de Deucalion , de la Chine , de l'Amérique. Il rejette l'universalité de celui de Noé , sans fournir des preuves de fon incrédulité ; il ne s'appuie pas même des raifonnemens que fes partifans avoient déjà faits. Comme l'univerfalité, dit-il, d'une inondation eft infoutenable, il faut chercher une autre explication ; le déluge de Deucalion n'eft que l'éruption d'un lac, dont le defféchement forma les campagnes de la Theffalie. Un pareil évènement ouvrit le Pont-Euxin, ancien lac, qui fe jeta dans la mer Egée, & caufa le déluge de Polybe ; le terrein fec s'éleva par les déblais entraînés, le fond du lac fut mis à fec, & le plat pays de l'Egypte put être auffi formé de la forte.

Enfin, dit Sulzer, un peuple peu répandu, occupant une terre fituée entre la mer & un promontoire, aura pu croire qu'une telle inondation étoit générale, & Noé & Deucalion auront cru bonnement être les feuls hommes échappés de cette cataftrophe. Il arrive tous les jours, continue Sulzer, quoiqu'en petit, des révolutions femblables dans des pays montagneux. Des inondations ajoutent des couches aux précédentes & défolent les campagnes en couvrant les champs de cailloux, de terre, jufqu'à la hauteur de plufieurs pieds. *Voyez le Mémoire de Sulzer, dans la Collection des Mémoires de l'Académie de Berlin*, 1762.

Ce n'eft point ici l'occafion de réfuter l'Auteur de ce Mémoire, qui répond de la forte aux difficultés du déluge. Je ne rapporte ici fon fyftême que pour montrer comment des inondations ne peuvent expliquer ni l'excavation des vallées, ni la rupture des parois des lacs, ni le tranfport des atterriffemens, ni la formation des plaines fluviatiles ou maritimes, ni l'organifation particulière des parties qui compofent les déblais entraînés dans ces bas-fonds des hautes montagnes.

On voit cependant que M. l'Abbé Roux penfe à-peu-près comme Sulzer, fur plufieurs articles. De part & d'autre on voit des cafcades qui tombent dans la mer comme par échelons, des inondations qui détachent des matières des montagnes , les tranfportent dans les lieux inférieurs , & les jettent jufqu'au bord des mers , y établiffant les plaines.

D'un autre côté, un Ecrivain qui avoit eu communication des premières lettres manufcrites de M. Roux , autrefois l'objet de fes éloges, ayant eu connoiffance du fyftème fur l'excavation des vallées par les eaux courantes , a effayé, fans trop bien concevoir ces deux fyftêmes , de les réunir, malgré leur incompatibilité : comme M. Sulzer, il affure que *de grands lacs, diftribués par toute la terre, y ont dépofé les foffiles que nous y trouvons enfevelis : ces lacs , s'ouvrant peu-à-peu, ont produit des inondations mémorables, &, par leur écoulement fucceffif & par leur réu-nion, ont formé l'océan ; ils ont laiffé par-tout des traces de leur exiftence ; nous voyons encore quelques-uns de ces lacs dans l'intérieur des terres, qui fe réuniront un jour à la grande maffe des eaux.* Ces grands lacs , autrefois exiftans , étoient cependant des excavations, & formoient fur la terre des

inégalités: mais ici le fyftême fe change;
c'eft au fyftême de l'excavation par l'action des rivières qu'on a recours pour
expliquer ces inégalités. On a trouvé
(dans les premiers volumes de l'*Hiftoire
naturelle des Provinces méridionales*,
communiqués avec la première lettre
de M. Roux avant leur publication),
cette propofition générale, la clef & le
principe de toutes les obfervations de
Géographie phyfique répandues dans cet
Ouvrage, que *la force des eaux courantes avoient été l'inftrument de la nature
dans la formation DES VALLÉES, DES
LITS DES FLEUVES, DE LEUR BAS-
SIN*, & on publie, comme bafe d'un
fyftême, le plan d'un Ouvrage qui n'eft
pas fait, fur le réfultat d'un travail de
plufieurs années, & on dit, *les inégalités du globe ne font point dues aux
courans des mers, mais aux excavations & atterriffemens des rivières, qui
l'ont fillonné de toutes parts*: & quand
les lettres de M. Roux paroiffent, on
les accufe d'être antidatées, après avoir
écrit contre ce fyftême peu de mois
auparavant.

Quoi qu'il en foit de ces honnêtetés littéraires, je ne puis croire que le tranfport des matières mobiles depuis les hautes montagnes jufqu'au bord des mers, que MM. Roux & Sulzer attribuent à des inondations, ait pu atténuer les déblais de telle manière qu'on obferve, les degrés de poli & de petiteffe qui augmentent à mefure qu'on defcend des montagnes vers l'embouchure des fleuves. Cette progreffion ne peut être attribuée qu'à des travaux de l'élément liquide de plus longue durée : une pierre parvenue au bord de la mer à cent lieues de diftance de fa matrice a éprouvé une action ═ à 100, tandis qu'étant à une lieue de diftance feulement elle n'en avoit éprouvé ═ à 1; auffi les cailloux bafaltes du fond de l'Ardèche à Saint-Juft font à la groffeur des cailloux bafaltes de l'Ardèche à Vals comme cent eft à un

Et quant à la réunion du fyftême de Sulzer à celui de la formation des inégalités du globe par les eaux fluviatiles, il eft contradiĉtoire de dire que des

fleuves qui déterminent les formes
superficielles du globe, qui divisent les
couches, rendent les montagnes saillantes, forment des chaînes longitudinales, & ont sculpté les bassins des
lacs. Il n'est pas plus raisonnable de
dire que ces lacs eux-mêmes, qui exis-
tolent (on ne sait trop comment, pas
même Sulzer, Auteur du système) ont
les premiers occupé les vallées & bassins
des fleuves, les vallées ayant été formées par les eaux courantes, fluviatiles, & les bassins l'ayant été par
la réunion de diverses vallées convergentes vers un point. L'impossibilité de
cette alternative prouve l'incompatibilité des deux systèmes; mais l'Auteur
voulolt annoncer des travaux avant la
publication des Ouvrages où ces principes de la Géographie physique sont
présentés avec toutes leurs possibilités
& dans tout leur jour.

Pour donner une autre forme à son
système, je lui conseillerois de renoncer aux bassins des fleuves, d'enluminer
les Cartes de Provence, non sur la

forme

forme du fol exprimée dans les cartes de Caffini ; mais, d'après la direction des montagnes granitiques, il trouveroit qu'elles renferment dans leur enceinte circulaire, des matières calcaires, Cela a déjà la forme d'un lac *contenant*; & préfente les productions *contenues* au milieu ; les chaînes granitiques des Cevènes, qui paffent en Bourgogne, Suiffe, Dauphiné & en Provence, ont effectivement une forme circulaire. Ce lac a croulé entre la Provence & les Cevènes pour verfer dans la mer ; voilà donc bien encore le dénouement des révolutions & des images qui contentent en quelque forte l'imagination ; mais il eft fâcheux que cette coupure des parois du lac ait été faite par le paffage d'un fleuve, & que fes aterriffemens aient été délaiffés par fes eaux courantes. On trouvera dans la fuite, dans les dernières années de *l'Hiftoire des Sciences* dans le XVIIIe. fiècle l'ordre chronologique des découvertes dans la Géographie phyfique (*années* 1779, 1780, &c.); la méthode

Tom. VII.   K

de cet ouvrage est exposé dans le Tome V de cette *Histoire naturelle de nos Provinces méridionales. Voyez Journal encyclopédique, lettre de M. Boullanger,* 15 Mai 1784.

Il ressemble à quelques explications du systême de M. l'Abbé Rozier avec celles de Sulzer, & l'union du systême à celui de l'excavation ... occasionné cette partie lière. Revenons aux réponses faites aux objections de M. l'Abbé Roux ...

OBSERVATIONS
SUR LES DÉLUGES EN GÉNÉRAL,
ET DE DEUCALION,
Page 57. Tome VII.

M. l'Abbé Roux desirant expliquer des faits incontestables, observés dans ces hautes montagnes, & ne voulant point admettre la succession lente & de longue durée de la même action destructive des eaux courantes ...

K 2

gès ou de Deucalion.

reflux des eaux ait pu déterminer une
telle forme ou une telle autre dans nos
hautes montagnes vivaroises, y former
de montagnes, en établir d'autres ; diverses observations me portent à ne pas
adopter de tels effets dans ces inondations orientales.

K 2

globe terrestre, l'enfoncement du niveau des mers & l'élévation de nos
montagnes rejettent cette idée.

§. Ier. Pindare, l'un des plus anciens
Auteurs qui nous parlent de ces inondations, entre dans quelque détail, il
dit, (*Olymp. IV.*) *que le fils de Pro-*
methée trouva avec sa femme une retraite
sur le Parnasse, pendant le déluge; il
descendit donc de cette montagne quand
Jupiter eut forcé la terre à retirer dans
son sein les eaux qui l'avoient inondée;
& pour ne pas laisser Deucalion sans su-
jets, il changea les rockers en hommes.
Cette fiction ridicule fait voir combien
les circonstances de cet antique fait
historique, sont obscures, & le salut du
fils de Promethée refugié sur le sommet d'une basse colline orientale, montre qu'une inondation si peu considérable, même en Orient, ne pouvoit
guère opérer de catastrophes sur nos
hautes montagnes vivaroises. Hérodote
lui-même, qui parle de Deucalion, ne
dit pas le mot du déluge de son règne,
& si Platon en fait un récit si passionné

dans son *Timée*, il faut se ressouvenir que, devenu Auteur de la fameuse Atlantide, ingénieux système renouvellé de nos jours par M. Bailly, il vouloit s'appuyer sur de semblables phénomènes, pour donner à son système un air scientifique accompagné de preuves.)

Aristote, disciple de Platon, qui a composé un beau *Traité sur les Météores*, n'a pas manqué de donner ses conjectures; il pense que le globe doit être exposé à des révolutions périodiques & à des inondations & sécheresses alternatives qui rendent de grandes contrées inhabitables. Lorsque l'humide se rassemble & se remue dans une seule contrée, elle éprouve un déluge, tel fut celui de Deucalion. Aristote posoit ainsi un système faux dans toutes ses parties, pour expliquer le déluge de Deucalion; on conçoit combien par l'histoire des phénomènes qui se font ressentir de temps en temps, comme les éruptions des volcans, les tremblemens de terre; mais on ne connoît qu'un retour suivi des inondations

de l'ordre de celles de Deucalion, qui
falloient périr les hommes, les animaux, & s'élevoient jufqu'aux fommets
des montagnes; l'Hiftoire ne nous a
confervé que le fouvenir de ceux d'Ogyges & de Deucalion, arrivés dans les
temps héroïques, & enveloppés, comme
l'on voit, de fables, & d'abfurdités.
Ainfi, comme les Philofophes fe fer-
voient de cette idée pour établir des
Atlantides & des fyftêmes météorolo-
giques que l'expérience a démontrés
faux; de même les Poëtes & les Hif-
toriens citoient le fait. L'ornoient de
fables, & de figures, & nous le tranf-
mettoient avec tout l'appareil du mer-
veilleux, on fait combien l'imagination
orientale embelliffoit, outroit & augmentoit les tableaux. L'Iliade n'a pour
héros que des perfonnages de peu de
conféquence, & pour théâtre un territoire prefque ignoré; cependant avec de
tels objets, Homère a créé le plus beau
des Poëmes: tant les Orientaux favoient
tirer du néant de petites chofes.

Il ne faut donc pas être furpris fi

Prideaux, Bianchini & Saumaise, trouvant tant de contradictions, & d'absurdités dans les Historiens de ces déluges, regardèrent leur récit comme un
diminutif du déluge universel; dans
ces sentimens ils ont pensé comme divers Anciens d'une grande autorité,
tels Philon, Justin Martyr, Théophile
d'Antioche; ainsi l'imagination s'égayoit
toujours de plus en plus sur ce sujet,
toujours on en augmentoit le fonds &
les accessoires.

Bérose lui-même ajouta à la tradition de nouveaux ornemens; il assure
dans son Histoire, qu'à la dixieme gé-
nération après le premier homme, Bé-
lus irrité par les crimes de l'espece hu-
maine, l'extermina par un DÉLUGE
UNIVERSEL, il conserva seulement
Xisuthrus dans un vaisseau bien fermé,
avec toute sa famille, & il n'en sortit
que lorsque des oiseaux lui apprirent la
retraite des eaux; voilà déja l'UNIVER-
SALITÉ du déluge de Deucalion, ré-
pandue.

Apollodore ne voulut pas tout reje-

K 4

ter ; dans sa Bibliothèque, *liv. xq.* où
il réunit en une narration toutes les opinions, le vrai, le vraisemblable, le
faux & l'extravagant, le changement
des pierres en hommes & le refuge sur
le Mont Parnasse, qui exclud cependant l'*universalité*, mais qui est rapporté
par les Historiens les plus anciens.

Les Romains adoptèrent bientôt &
le déluge & la fable orientale : Ovide
en a fait une de ses premières Méta-
morphoses, & le récit de ce Poëte
annonce assez le cas qu'en doit faire un
amateur de la vérité, qui fait sur-tout
que ce fait a été falsifié d'un Auteur à
l'autre.

On voit ainsi qu'on ne connoissoit
pas l'universalité de ces déluges avant
Ovide, Plutarque & Lucien, mais
qu'elle fut rejetée même par Platon,
Aristote & Apollodore, les inondations d'Ogyges & de Deucalion ne
s'étant pas étendues au-delà d'une contrée de la Grèce, selon les derniers
Auteurs.

Quant au déluge d'Ogygès, ce récit

n'est pas moins extravagant. Solin
dit qu'un de ces déluge dura neuf
mois, pendant lesquels il régna une
nuit non interrompue.

Il faut conclure que la vérité de ces
inondations orientales n'est pas
bien constatée, puisque parmi les Anciens & les Modernes, des Savans d'une
grande autorité ne les ont pas distinguées
du déluge mosaïque.

Il faut conclure que quand même
le fait seroit évidemment vrai, il est
revêtu de trop d'absurdités, pour qu'on
puisse fonder sur ces circonstances;

Qu'arrive dans les temps héroïques, il entre dans la classe des évenemens de cet âge, peu dignes de la
croyance d'un amateur du vrai;

4°. Qu'on ne peut pas trop se servir de ce fait douteux, pour expliquer
des opérations de la nature évidemment certaines;

Que l'assertion de son univerſa-
lité est moderne. Mais je veux que ces
déluges soient revêtus de toutes les
preuves historiques neceſſaires, il reste

à savoir si la Géographie physique peut
en permettre quelques conséquences.

§. III. Les déluges d'Ogygès & de
Deucalion sont arrivés dans des terres
orientales, voisines des mers, & peu
élevées au-dessus de leur niveau; or
ce niveau est à-peu-près le même dans
toutes les mers; si une inondation orientale se manifestoit dans cette partie du
globe, la loi des fluides ordonneroit à
l'eau de refluer dans le sein des mers;
dès-lors, tout l'océan en seroit augmen-
té, le globe acquerroit une couche
fluide d'environ trois cens toises, pour
donner lieu à l'ascension de l'eau jus-
ques dans nos montagnes du Coiron
& du haut Vivarais.

Mais à cette inondation on appli-
queroit tous les raisonnemens qu'on a
faits contre celle de Moïse, avec cette
différence que ces raisonnemens physiques, dirigés contre l'universalité du
déluge de Deucalion, prouveroient
qu'un tel déluge n'a jamais existé phy-
siquement, parce que notre atmosphère
ni le sein de nos hautes montagnes

n'ont jamais conçu assez d'eau à la source fluide pour appliquer à la superficie de la terre une nouvelle masse de deux mille toises d'épaisseur, pour couvrir toutes choses; tandis que ces objections dirigées contre le déluge de Moïse ne peuvent attaquer un miracle ordonné par la Justice divine, miracle qui ne répugne point à la raison, qu'on ne peut expliquer par les loix de la Physique, ni attaquer par des loix de cette nature, sans attenter à la sagesse suprême & à la divinité des Écritures, qui nous fournissent assez de preuves de leur véracité pour nous ordonner la soumission & le silence.

SUR LA DISPERSION DES DIF-
FÉRENTES ... SUR LA
SURFACE DE LA TERRE,

une telle espèce de coquillages ; il y
avoit, disoit-il, des espèces de lacs &
des contrées affectées à telle espèce
de coquilles ; ainsi M. Rouelle plaçoit
le centre de son premier département
à Paris, où les roches des pays d'alentour contiennent, avec abondance,
toute sorte de buccins. Il établissoit un
second centre en Normandie, parce
que ce pays-là renferme une pierre
calcaire où abondent des ammonites,
des bélemnites, des huîtres recourbées
dont les analogues se trouvent dans
le Golfe Persique : & ainsi des autres
départemens, de telle espèce de coquilles ou de telle autre. M. Rouelle
étoit, sans contredit, un observateur
attentif & profond. On sait combien la
Chymie doit à ce Savant ; il a donné
cependant un principe faux sur la dispersion des coquilles.

Il est certain que telle contrée contient une plus grande abondance de
telle espèce de coquilles, mais cette
différence ne dépend pas de la variété
du site dans un tel lieu, ni de tel centre,

ni de tel autre placé ici ou là, mais
de la différence de l'époque de formation des carrières. Ainsi la mer ne nourrit plus des ammonites, précisément
parce qu'elle est aujourd'hui à Marseille
& qu'elle n'est plus en Vivarais, où il
y a des ammonites pétrifiées ; mais elle
n'en produit plus, parce que ces coquilles appartiennent à d'autres époques ou à d'autres climats : la différence des coquilles dans les pierres est
établie sur la différence d'antiquité, &
non sur la différence locale ; & quand
même une chûte de terrein precipite-
roit le bas-Vivarais au-dessous de la Méditerranée, il ne suit pas de là que cette
mer refluant de ce côté-là, produisît
les anciennes coquilles qu'elle produi-
soit alors ; la succession des temps a
fait perdre les espèces ; aussi n'en voit-
on pas dans les pierres plus récentes.

Or on doit appeller pierre calcaire
plus ancienne celle qui (soit qu'elle
existe sur les plus hautes montagnes,
soit inférieurement), ne connoît aucune autre espèce de pierre calcaire

au-deſſous d'elle, mais qui eſt la baſe
de toutes les autres. Après celle-ci,
vient une autre qui lui eſt poſée deſſus,
& enfin la dernière de toutes eſt celle
que la mer a formée tout récemment,
& même qu'elle forme encore; car les
pierres coquillières, par exemple, qui
ont été employées pour bâtir les remparts de Montpellier, ſont viſiblement
une pierre de formation très-récente,
à laquelle on ne peut comparer cette
chaîne de montagnes calcaires du Jura
ou des Cevènes, que je regarde comme
les plus anciennes de toutes les pierres
calcaires du monde.

MÉMOIRE

SUR LE GRANIT, SUBSTANCE LA PLUS ANCIENNE QU'ON CONNOISSE DANS LES MONTAGNES,

Pour servir de réponse aux objections de M. l'Abbé Roux, Tome VII, page 115 & suiv.

SOMMAIRE.

Distinction essentielle entre l'origine & la *formation des montagnes. Distinction entre la formation des masses granitiques, par l'expulsion souterraine des volcans & la prétendue fusion volcanique des granits. Le premier système peu probable ; le second, contraire au sentiment des Naturalistes modernes. Vue intérieure des parties constituantes du granit ; il est des gra-*

nits qui renferment des blocs de granit
plus anciens.

IL n'est rien de plus ordinaire que
de trouver dans les ouvrages des Naturalistes, même les plus célèbres, ces
deux mots, *origine* & *formation*, confondus, employés l'un pour l'autre indistinctement, occasionnant des méprises
& des erreurs étranges sur ce sujet,
dans la partie sur-tout de l'*Histoire naturelle* qui traite des minéraux ; & comme
ces mots sont presque synonymes, &
qu'ils ont été même employés comme
tels dans cet Ouvrage, il faut expliquer
le sens précis de l'un & de l'autre.

J'entends, par *origine des montagnes*
dans son sens strict, cet acte de la
nature, par lequel les montagnes ont
été élaborées, de manière qu'elles ont
été granitiques quand un tel agent a
été le principe de leur organisation,
ou calcaires, quand un tel autre agent
a formé celles-ci ; en sorte que le mot

origine

origine des montagnes annonce cette
époque où elles furent travaillées, &
l'action qui les plaça où elles font.

La *formation des montagnes* eſt toute
autre choſe ; elle annonce, également
dans ſon ſens ſtrictement pris, une
autre opération de la nature, par laquelle un terrain quelconque, exiſtant
déja granitique, ou calcaire, ou ſchiſ-
teux, éprouve une certaine révolution,
par laquelle la matiere, déja granitique
ou calcaire, devient montagne granitique, ou montagne calcaire.

Dans ce ſens, je ſuppoſe une vaſte
contrée quelconque dès le moment de
la création ; je puis dire alors, voilà
un terrain granitique pris pour exemple ;
je ne puis pas encore dire, voilà une montagne, car la formation de ſon pied &
du ſommet eſt un travail ultérieur, &
l'ouvrage des eaux qui rendront cette
maſſe ainſi ſaillante. Le ſentiment de
M. l'Abbé Roux, qui traite de la formation des montagnes granitiques, doit
être ſuivi de cette diſtinction qui nous
montre la double opération de la na-

ture, & diftingue l'ordre des temps
qui appartiennent à ces deux ouvrages.

L'Auteur nous a déjà dit que des
inondations avoient rendu faillantes
les montagnes (dont la matière & la
maffe exiftoient déjà), en creufant d'un
côté & d'autre le terrain, & faifant
reffortir les pics & les chaines longitudinales, par la fouftraction des parties
intermédiaires. Dans cette nouvelle
queftion, les formes étant ainfi données,
il monte jufqu'à l'origine & il veut
expliquer celle des montagnes granitiques qu'on a cru jufqu'à ce jour prefqu'inexplicables.

Si M. Roux entend que les granits
font l'ouvrage des volcans, c'est-à-dire,
que les feux fouterrains ont expulfé
du fein de la terre la matière qui forme
les montagnes granitiques; cette affertion, quelque fyftématique qu'elle foit,
a plus de probabilité que de dire que
les montagnes granitiques ont été fondues par les volcans, ou font des fco-
ries du feu primitif: fentiment infoutenable, comme nous le verrons ci-après.

Quant à l'expulsion de la matière granitique du sein de la terre, ce sentiment est encore dans la classe de ceux qui sont un peu hasardés, parce qu'il faudroit savoir sur quoi appuient ces montagnes, tandis que les vrais granits primitifs n'ont été vus jusqu'à présent qu'avec des fondemens également granitiques.

Nous n'avons donc rien pour comparer le granit, avant l'existence de toute autre matière secondaire, & on ne peut que faire quelques raisonnemens sur la forme primitive qu'offre la direction de ses chaînes courantes sur la surface de la terre; on ne peut guere se permettre que des abstractions de toutes les enveloppes, & le considérer solitaire ou comparé dans ses parties avec lui-même; & dans cette manière de le voir, il ne dit pas grand chose sur son origine.

On ne peut guere conclure de la comparaison de la matière granitique avec les matières calcaires, parce que celles-ci sont inférieures dans l'ordre

chronologique des formations: il eſt vrai,
comme je l'ai rapporté dans mon premier volume , que diverſes couches
calcaires ſont ſituées ſous les granits à
l'Argentière & ailleurs ; mais , comme
je l'ai expliqué dans mon Tome VI,
page 160 , ces granits ſont de l'ordre
ſecondaire où le quartz eſt *contenu* par
un gluten ſecondaire qui lie le tout,
tandis que dans les véritables granits,
reconnus primitifs & plus antiques, le
quartz eſt *contenant*, cryſtalliſé , & lie
lui-même les autres parties compo-
ſantes du granit qu'il enveloppe de ſa
ſubſtance & qu'il enchaîne ; d'où il faut
conclure qu'en enlevant en eſprit toutes
les enveloppes ſubalternes du globe
en ne lui laiſſant que ſa matière primitive , c'eſt-à-dire reconnue comme
la plus ancienne par des yeux natu-
raliſtes, il reſte peu de fondemens pour
établir que cette matière a été expulſée
du ſein de la terre, à moins de dire,
avec M. de Buffon, que cette matière
granitique étoit alors toute volcan, &
que ſes formes ſaillantes étoient les,

soufflures du globe enflammé, & en
état d'incandefcence.

Je ne trouve cependant pas dans le
fystême de M. Roux des raifons ré-
pugnantes, s'il admet que cette matière
granitique a été expulfée par les feux
fouterrains non cryftallifée, pourvu qu'il
laiffe à l'eau maritime, qui a tout fub-
mergé, le foin de cryftallifer fes parties
conftituantes, fon quartz, fon feld-
fpath, fon fpath-fluor, fes choerls, tous
ces cryftaux n'annoncent pas une cataftrophe du globe, dans le moment de
l'arrangement de leurs parties; la cryftallifation de ces matières demande un
fluide, du repos, une matière homogène
cryftallifable; le fystême de M. Roux
ne peut donc fe foutenir qu'autant qu'il
admettra des expulfions fouterraines &
boueufes de la matière granitique qui,
abandonnée à elle-même, fe pétrifie,
& laiffe cryftallifer les parties homo-
gènes, à l'aide de l'élément liquide &
aqueux.

Si au contraire M. l'Abbé Roux vouloit dire que nos montagnes graniti-

ques ont été fondues & expulsées, ce
sentiment ne seroit plus soutenable
dans une circonstance, où tous les Mi-
néralogistes ayant reconnu les formes
crystallisées & variées des feld-spath,
quartz, choerls, &c. qui composent les
granits, savent que les conditions de
la crystallisation aqueuse, nécessaires
à celles de ces principes des granits,
ne peuvent se trouver dans d'éruption
fondue d'une matière ardente & fluide:
d'ailleurs une substance fondue ne perd
pas toutes ses formes par une seconde
fusion, tandis que le granit une fois vitrifié
ne ressemble plus à lui-même; il ne
faut donc pas confondre une matière
fondue & une matière crystallisée. Quant à l'état primitif du granit, il
faut présumer qu'il a long-temps existé
avant la crystallisation de sa masse,
& même qu'il fut dans un état boueux;
on voit que certaines parties environnent les sinuosités & les formes saillantes & rentrantes d'une autre: toutes
ces observations attestent cet état de
mollesse primitive: j'ai même vu dans

nos hautes montagnes vivaroifes de
véritables granits renfermer des blocs
d'un granit d'une autre efpèce, & par
conféquent plus ancienne ; car pour le
contenir il falloit qu'un contenu exiftant
déjà, vînt fe loger dans un contenant
encore fluide ou en état de molleffe.
Ces blocs de granit contenu m'ont
paru n'être formés que de deux fubftances, l'une de quartz, & l'autre difficile
à déterminer, parce qu'étant elle-même
fans cryftallifation & en molécules prefque imperceptibles dans le fein d'un
quartz le plus compacte, il n'eft pas
aifé de déterminer la nature de cette
forte de fubftance, peut-être encore in-
connue en Hiftoire naturelle, & quelquel-
ques perfonnes appellent déjà très-im-
proprement *bafaltes de montagne.*
Cette matière ne doit pas cependant
beaucoup étonner relativement à fa
pofition dans un autre granit c'eft
que cette pierre étant compofée de
cinq ou fix fortes de principes différens,
& pas toujours de tous à la fois, mais
fouvent de deux ou de trois, toutes les

rencontres possibles établissent autant
d'espèces différentes de granit; & pour
les claffer d'une manière naturelle, je
voudrois affocier d'abord toutes les parties fimples , enfuite deux parties ; puis
trois, & ainfi de fuite jufqu'au com-
plément de toutes les poffibilités & de
toutes les rencontres, travail infini &
impoffible , qui montre combien vaine
eft la fcience de ceux qui, attachés
aux feules idées que peuvent donner
toutes les poffibilités, croyent que l'étude
de la nature dépend de la connoiffance
de toutes fortes de combinaifons : je
conclus donc que cet ordre admirable
qui fe trouve fuccéder dans les granits,
à fon premier état boueux & non cryftallifé , & la géométrie des matières cryf-
tallifables qui fe font repofées & ont
permis l'opération, n'annoncent pas le
trouble & la confufion qui règnent
dans les matières incandefcentes quelconques.

SUR LES PICS DE GRANIT D'UNE CONTRÉE DU VIVARAIS, APPELLÉE LE BOUTIÈ-RES, ET SUR LA FORMA-TION DE CES MONTAGNES,

Tome VII, page 60.

Nous avons vu ci-dessus la créa-tion, ou du moins la formation du granit, il nous reste à développer une observation qui explique leur état sail-lant en forme de montagne.

Que toutes les contrées granitiques du haut Vivarais & des Boutières ayent formé jadis une masse non déchirée de vallées & de ravins, c'est ce qu'une observation exacte, aidée de la ré-flexion, prouve & explique aisément. Il ne faut pas s'imaginer que toutes les matières jadis fluides ou molles, les calcaires, les volcaniques, les graniti-ques ayent été formées en pic, en escarpemens, en précipices, ou par élévation à la manière d'un champi-gnon qui pousse du sein de la terre; ces points font le résultat de la souf-

traction des matières environnantes, les
escarpemens des matières autrefois contiguës & adhérentes ; rien n'a été à
l'abri sur la surface de la terre de cette
force des eaux , & le pays des *Boutières* en Vivarais , tout hérissé de pics
couronnés de laves, annoncent que
cette contrée, jadis sans aucune solution de continuité, avoit été inondée
de laves.

SUR L'ÉTAT SOUS-MARIN DES VOLCANS QUI ENVIRONNENT LE COIRON, *page 68 & suiv. Tome VII; seconde Partie, & page 78 & suiv.*

Le mont Coiron, hérissé de bouches
volcaniques, étoit environné de l'ancien océan & d'un terrein plus élevé
qui retenoit le plateau de ses laves;
toute cette contrée plus élevée fut attaquée en tous sens par les flots des
bords des mers, qui dans un pareil cas
attaquent tous les jours la butte volcanique de Brescou, à laquelle ils ont

enlevé l'ancienne forme conique, le
cratère & peut-être les coulées étendues
qui dûrent former l'enfemble de ce
volcan, tandis qu'il ne refte que des
formes de deftruction, comme dans les
volcans démantelés qui environnent le
Coiron; mais cette mer n'étoit pas au-
deffus des montagnes environnantes du
Coiron; elle en battoit les flancs vers
le milieu de la côte où à-peu-près,
& les flots attaquant cette roche,
comme ils ont attaqué toutes celles qui
bordent les mers, minèrent peu-à-peu
les couches, les dégagèrent en-deffous,
déterminèrent la chûte des maffes fupérieures, & rendirent à la longue le
Coiron efcarpé.

Or la fuite de tous ces phénomènes
eft dans cet ordre de progreffion & de
dates : d'abord le Coiron exiftoit à-peu-
près tel qu'il fut enfuite après fes
éruptions, avec la différence que le
fol environnant étoit un peu plus élevé :
c'eft ce fol qui fut démantelé par l'eau
maritime; une fuite de fiècles fut em-
ployée à abattre peu-à-peu ce terrein

environnant; car cette eau ne furnageoit
pas au-deffus de ce terrein-la ; mais elle
l'attaqua en-deffous, à force de miner
ces bords, en s'abaiffant à la longue.
Alors le Coiron devint faillant, & fes
environs furent plus enfoncés, & les
feux volcaniques fe firent jour plus
aifément au pied du Coiron dégagé,
qu'au fommet, autrefois ignivome, &
ce ne fut qu'après la retraite de cette
mer, après la deftruction des formes
de ces volcans fous-marins, que dans
des temps plus récens encore, eut lieu
l'explofion des volcans de Jaujac,
Thueitz, Antraigues, &c. &c. dont les
formes font fi récentes, & le travail
encore fi frais.

C'eft par l'action de cette mer environnante que j'explique comment tout
le Coiron a été coupé tout à l'entour,
à *rive taillée à pic* ; car il faut diftinguer dans cette étonnante montagne
cette coupure environnante, & perpendiculaire des fciffures de vallées. La coupure environnante eft l'effet d'une caufe
qui attaquoit les flancs de cette mon-

tagne en sens horizontal, comme les boulets de canon qui agissent contre des remparts qu'il faut abattre, & dans ce cas on ne peut trouver qu'une mer agitée qui embrasse toute la montagne à la fois. Ces principes circulaires ont été formés ainsi dans tous les points de la circonférence par l'action de l'élément liquide, irrité & environnant ; & la direction de toutes ces forces est comparable à une grande armée qui en a investi une autre qu'elle veut détruire.

Or ce travail est bien différent de celui qui a creusé les vallées du plateau supérieur de la montagne ; sur cette plaine je vois au contraire dans l'eau courante une force dont l'action est d'abord perpendiculaire, d'où résulte l'excavation ; & dont la direction est du centre vers la circonférence en sens divergent, d'où résulte la direction des vallées qui se fuient, partant les unes vers le nord, les autres vers le midi, d'autres vers l'orient, & d'autres enfin vers le sud-ouest. Il faut donc distinguer dans la sculpture des monts Coiron, celle qui les a coupés à rive taillée à pic, de celle qui a sillonné les vallées supérieures, & reconnoître la direction & tendance de ces deux espèces de forces qui ont opéré deux effets.

La mer vint donc battre ce terrain qui contenoit le lit d'un fleuve sur les élévations du Coiron ; mais il ne faut pas confondre toutes les opérations de la nature, renfermées dans cette phrase, ni dire, comme M. Roux, page 78, que si *ce lit étoit un fond, s'il reçut dans ces enfoncemens la lave coulante, comment pouvoit-il être une élévation?* Ce lit fut sans doute jadis un bas-fond; mais quoiqu'il fût alors bas-fond, aujourd'hui c'est un lieu très-élevé, mais il n'est plus ce qu'il a été, & j'ai distingué la différence & l'éloignement des époques, & la différence du Coiron, lit de rivière, du Coiron criblé de bouches ignivomes & du Coiron, tel qu'il l'est aujourd'hui, c'est-à-dire sommet de montagnes.

COMMENT LE MOUVEMENT D'IMPULSION, QUE LES ASTRONOMES RECONNOIS- SENT DANS TOUTES LES PLANETES, D'OU EST RÉ- SULTÉ LA FORCE CENTRI- FUGE, A PU FORMER LE BASSIN DES MERS ET LES FORMES SAILLANTES DES ILES ET DES CONTINENS, page 81.

La force d'attraction des planètes vers leur soleil qui est leur centre, & la force d'impulsion imprimée par l'or- dre puissant du Créateur, sont deux forces dont la combinaison, au lieu de se détruire mutuellement par leurs résistances respectives, sont au contraire le principe du mouvement elliptique des corps planétaires; la réunion de ces deux forces est démontrée par tous les Astronomes. Sans la forme d'im- pulsion, d'où est résultée la force cen- trifuge, la planète se jetteroit dans son centre, parce qu'elle ne feroit foumife qu'à fa force attractive ou centripète, & fans la force centripète elle fuiroit fon aftre & ne reviendroit plus, mais s'échapperoit par la tangente. Ces deux forces ne font point contraires dans leur direction, mais obliques; & de ces deux forces il en réfulte le mouvement circulaire.

Ces principes aujourd'hui font fi évidemment prouvés en Aftronomie, qu'ils font la bafe de toutes les connoiffances que les Modernes ont ajoutées à cette fcience; mais à ces forces, & à ce mouvement des planètes autour d'un centre qui en eft le réfultat, il faut reconnoître un fecond mouvement, celui de rotation de la planète autour d'elle-même, réuni dans le même corps, tandis qu'il obéit à celui qui le porte autour de fon foleil, fon centre.

On conçoit que la force qui a imprimé au globe ce double mouvement, cette force qui a fait tourner le globe terreftre autour de lui-même, applati fes pôles, relevé l'équateur, tranfporté

toute

toute la maffe autour du foleil avec
une rapidité fi inconcevable, a dû oc-
cafionner des affaiffemens, couper les
couches de la terre, rompre les unes,
relever les autres, précipiter les eaux
qui couvroient le globe; abaiffer le
niveau des mers, ouvrir les entrailles
de la terre. C'eft à ce choc primitif,
qu'ont éprouvé enfemble la terre & les
planètes, que j'attribue la grande catastrophe qui a déterminé les formes géographiques & actuelles du globe terreftre.
Voyez le Chapitre dernier du Tome V.

Cependant la direction du mobile
a dû moins concourir à la forme des
continens que l'état des couches de la
terre & le plus ou moins de folidité
des matières. Il faut croire, à ce fujet,
que les fondemens fouterrains moins
bien établis, les colonnes moins folides, les maffes terreftres plus pefantes,
furent les premières précipitées & en-
foncées plus profondément, tandis que
les plus folides reftèrent faillantes pour
former les continens : il faut croire
encore que dans ces continens il fe fit
même divers affaiffemens particuliers,

Tom. VII.   M

qui formèrent de petites mers , des méditerranées, des mers mortes, des lacs; & cette affertion paroît d'autant plus raifonnable, qu'alors l'intérieur du globe n'étoit pas & ne pouvoit pas être auffi compacte, auffi denfe qu'il l'eft aujourd'hui : la force de l'attraction, par laquelle toutes les parties tendent vers le centre commun , n'agiffoit pas depuis fi long temps & n'avoit pas exercé fes forces , pendant une fuite de fiècles, fuffifante & néceffaire à l'affermiffement des parties fouterraines ; toutes les fentes , les filons, les grottes inférieures & fouterraines, formées par deffèchement & par la retraite des parties , n'étoient pas encore remplies ; de grands vuides étoient répandus dans ces fouterrains ; & le globe étoit dans fes entrailles pénétré d'anfractuofités & de gerçures de toute forme & de toute capacité.

C'eft à cette organifation intérieure & au mouvement de rotation, & d'impulfion, qu'il faut attribuer non l'arida de Moïfe, mais l'ordre actuel des continens & des mers, la dépreffion de leur baffin vers le centre du globe, l'élevation des terres ; la ligne de démarcation qui fépare l'élément liquide des continens & la ftation des roches calcaires, autrefois bas-fond & vafe des mers, au-deffus de leur niveau.

Les excavations creufées enfuite dans les continens, la dégradation ultérieure des couches de la terre eft un ouvrage fubalterne & fubféquent des eaux non marines & atmofphériques; la mer n'eft plus remontée fur les hauteurs, une inondation ultérieure n'a pu diffoudre les montagnes des continens ; elle n'a pu porter les coquilles fur les hautes montagnes, ni dans les montagnes, ni pénétré les roches vives qui font fous les eaux maritimes, où des coquilles font encore inclufes, & fi une inondation avoit été capable de cette révolution, fi les eaux avoient eu cette force diffolvante, fans diffoudre pourtant les coquilles, elle n'auroit pu établir fur la terre l'ordre admirable qui y règne, car j'ai prouvé que le prin-

cipe qui a formé les couches calcaires
horizontalement, & qui les a établies
l'une fur l'autre, eft différent du principe qui les a coupées *verticalement* pour
former des vallées. Mais toutes chofes
s'expliquent fans inondation qu'on voit
incapable; 1°. de diffoudre les anciennes montagnes, en confervant pourtant
les coquilles ; 2°. ni de mêlanger la
diffolution avec ces coquilles, en couvrir les montagnes, en établir de nouvelles ; 3°. de pétrifier toutes ces maffes; 4°. ni de les couper à pic, former les vallées & arrondir leurs déblais ; 5°. de former des plaines inférieures. Toutes ces fortes de travaux,
autant différens entr'eux par la nature
des objets que par l'ordre des temps,
ne font pas l'ouvrage d'une feule inondation. On auroit en vain recours à plufieurs déluges, affez confidérables pour
s'élever au-deffus de nos dures montagnes : une bonne phyfique éloigne
l'idée de ces inondations femblables
& périodiques ; nous avons fous les
yeux la nature en action ; elle offre

tous les yeux son laboratoire ; elle nous dit à chaque pluie comment elle agit dans le travail de la sculpture du globe ; n'ayons recours ni aux eaux maritimes qui voyagent sur la terre, comme il plaît à tant d'Ecrivains sur la nature, qui ne l'ont jamais étudiée dans des pays montagneux ; ni à un déluge particulier, miracle ordonné par la sagesse suprême ; ni à des déluges successifs & multipliés, qui contrediroient la marche de la nature.

SUR LE LIT DU RHONE CREUSÉ PAR LE FLEUVE, ET SUR LE VOLCAN SOUS-MARIN QUI EST DANS CE LIT, A ROCHEMAURE, *page* 96.

J'avoue l'incompatibilité d'un volcan sous-marin dans un lieu continental & creusé par un fleuve. Mais ne confondons point les époques, & l'observation sera expliquée d'une manière satisfaisante.

Si les volcans démantelés de Rochemaure, & les buttes voisines, étoient situés au fond de la vallée du Rhône, l'objection seroit victorieuse ; mais les volcans sont à mi-côte, environnant comme les autres le pied du Coiron, alors le bord de la mer.

A cette époque cette mer attaquoit les roches calcaires plus anciennes & les laves en même temps, ne soyons donc pas surpris si on trouve dans la pierre secondaire & calcaire, qui se formoit alors au fond & des cailloux roulés volcaniques, & des coquilles, tout cela se formoit dans un bas-fond, & ce bas-fond étoit le sol de Roche-maure, Aps, Privas, &c. &c.

Mais tout ce terrain sous-marin n'étoit pas encore changé en vallée flu-viatile du Rhône, c'étoit un bas-fond de mer, un endroit déprimé qui rece-voit la vase maritime.

Quand la mer se fut retirée, les ri-vières continentales attaquèrent ce ter-rain, les roches de rivières furent cou-pées à pic à droite & à gauche ; la vallée, à Rochemaure, & tout le long du fleuve, fut excavée peut-être jusqu'à

cent toises de profondeur, & quand
les atterrissemens postérieurs du fleuve
l'eurent remplie & élevée, il en ré-
sulta une plaine inférieure dans l'état
où elle est aujourd'hui ; il ne faut donc
pas confondre le travail sous-marin des
bas-fonds des environs du Coiron,
avec l'excavation subséquente & posté-
rieure des vallées d'Ardèche, de Chomerac, de Vogué, du Rhône ; le premier ouvrage est sous-marin ; le second
est continental : le premier est une opération de la mer, le second celui
des fleuves & des rivières. Telles sont
les réponses que j'ai faites à M. Roux.

Sans vouloir me faire ici un mérite
de l'honnêteté que j'ai dû montrer dans
mes réponses, on voit que notre différend ne sert qu'à la recherche de la
vérité : les critiques de M. Roux ne
sont pas un de ces ouvrages satyriques
& mal-faisans, qui témoignent de l'im-
patience & de la méchanceté contre les
Écrivains qui jouissent de l'estime publique. M. Roux, Pasteur vertueux &
éclairé d'un Peuple simple, ne connoît

184 SUITE DES RÉPONSES.

que la bienfaisance & l'honneur; je lui dois toute ma reconnoissance, & je propose son différend comme un modèle à suivre dans la République des Lettres; ses écrits font honneur à notre Province, la patrie des Bernis, Montsagne, Court de Gebelin, Montgolfier, encore vivans, sans parler des grands hommes qu'elle a produits & qui ne sont plus.

Fin des Lettres de M. l'Abbé Roux, & des Réponses à ses objections.

TABLE DES MATIERES

TABLE POUR LE TOME VII,

SECONDE PARTIE.

Tom. VII. N

Fin de la Table des matières & du Tome VII des Minéraux.

De l'Imprimerie de L. JORRY, Libr.-Imprimeur de Mgr. LE DAUPHIN, rue de la Huchette.

AVIS AU RELIEUR

POUR les huit premiers Volumes de l'Histoire naturelle de la France méridionale.

1°. Le Brocheur aura soin de laisser le présent Avis dans le volume, afin qu'il serve au Relieur.

2°. Quand l'Ouvrage sera terminé, il sera composé de trois parties, des Minéraux, des Végétaux & des Animaux.

3°. Chaque partie est composée de Volumes ; ainsi il y a déjà sept Volumes de Minéraux, & un Tome premier des Végétaux.

4°. Pour les distinguer dans une Bibliothèque, le Relieur placera sur le dos des volumes ces titres :

Hist. Natur. de la France Méridionale.	Hist. Natur. de la France Méridionale.	Hist. Natur. de la France Méridionale.
Minéraux, Tome I, &c.	Végétaux, Tome I, &c.	Animaux. Tome I.

5°. Ceux qui ont acquis la Carte du Vivarais, *in-folio*, avec son explication qui forme une feuille *in-8°.* intitulé *Géographie*, doivent la placer à la fin du Tome premier des Minéraux.

6°. Dans le Tome VII des Minéraux les

feuilles marquées d'une * aux fignatures, font le commencement du Volume ; & celles dont les fignatures n'ont pas d'étoile, le finiffent.

7°. Il y a des Avis dans les volumes précédens pour placer les figures, auxquels il faut avoir égard.

8°. Le Tome V. des Minéraux doit finir par le *Difcours fur les Mœurs*, aux Etats de Languedoc, à la fuite duquel font les Notes.